Osprey Aircraft of the Aces

Mustang and Thunderbolt Aces of the Pacific & CBI

John Stanaway

Osprey Aircraft of the Aces

オスプレイ軍用機シリーズ
25

太平洋戦線のP-51マスタングとP-47サンダーボルトエース

[著者]
ジョン・スタナウェイ
[訳者]
梅本 弘

カバー・イラスト／イアン・ワイリー　　フィギュア・イラスト／マイク・チャペル
カラー塗装図／トム・タリス　　　　　　スケール図面／マーク・スタイリング

カバー・イラスト解説

第二次大戦中、米第5航空軍で生まれたマスタングエースはひとりだけだったが、その男は全部で8機の戦果のうち7機を、なんと1回の空戦で落としたのである。1945年1月11日朝、第71戦術偵察航空群の第81戦術偵察飛行隊の指揮官、ウィリアム・ショモ大尉とかれの僚機ポール・リプスコム中尉は、フィリピン諸島の大きな島、ルソンのアタリと、ラワグ飛行場を威力偵察した際に、少なくとも11機のキ61と1機のキ44に護衛された1機の一式陸攻を、薄い雲の隙間から発見した。予想もしなかった獲物に向かって突進したショモと、リプスコムはまず左側の編隊の三式戦を一撃、つづく戦闘で至近距離から、たちまち4機を撃墜した。大尉はF-6D-10（44-14841）で右側の2番編隊の後方に入り込んだ。詳細はかれの戦闘記録に譲ろう。

「三式戦2機からなる右側の2番編隊は、左に旋回し、左側で別の三式戦2機編隊へと向かっていた、わたしの僚機を追い始めた。編隊が動き、わたしの真っ正面を過ぎて行ったとき、敵の僚機を狙って一連射を放ち、爆発、火達磨にさせた。リプスコム中尉は左側の第1編隊の僚機を撃ち、同様に発火させた。次いで、リプスコム中尉は爆撃機に一撃を見舞ったが、これは明らかに無効だった。そこで、私も爆撃機への攻撃にかかった。斜め右から後方に迫り、後方射手が発砲をはじめたため、弱点となりかねない翼の落下タンクを捨てた。そして爆撃機の下部に入り、腹部に長い連射を放った。右翼の付け根から発火、黒煙の長い尾が爆撃機の後部に伸び、わたしはそこから離れた。左に急上昇し、そのとき、僚機が対進攻撃で三式戦に命中弾を見舞い3機目を落とすのを見た。敵機は発煙、次いで炎上し、高度180mから垂直に墜落した。未だ上昇旋回中に、1機の二式単戦が下方、60度の角度から見越し射撃をはじめた。わたしが旋回半径を縮めると、敵機はわたしの後方から離れ、低空の断雲の中に姿を消した。そのときまでに、もとの針路に戻り、最前の爆撃機が原野に墜落し、炎に包まれるのを目撃した。そして、三式戦の2機編隊がふたつ、墜落地点の上を南に向かって高度約240mで飛んでいるのを見つけた。わたしは敵機を追跡、先頭の三式戦に接近、後方から連射して発火させた。この三式戦は空中で爆発して四散した。他の三式戦は右に回避し、高度約900m付近まで急降下して行った。その中の1機の後方に迫り、敵機が水平になったところで真後ろから連射、敵機の排気管からは黒煙が噴出していた。わたしは三式戦の上を飛び越え、敵機の頭上で右に変針した。三式戦は大地に向かって緩降下して行った。墜落し、大地で爆発する三式戦を、わたしは機体に斜めに装着されていたカメラで撮影した」

ウィリアム・ショモ大尉は撃墜7機を公認され、ポール・リプスコム中尉は3機を公認された。前者は議会名誉勲章の叙勲を受けた［1月11日、日本側の損害記録は確認できなかった］。

■訳者覚え書きと凡例

太平洋戦線のP-47および、P-51戦闘機が、戦争後期から末期にかけて多数の日本陸海軍航空機を撃墜したのは紛れもない事実である。しかし訳出に当たって、米国でも空中戦にはつきものの過大戦果報告が、そのまま、実戦果として通説になっていることが判明した。そこで原書にあったP-47/P-51による撃墜戦果のうち、日付と場所が確定できるものに関しては、できるかぎり他の日米資料を参照し、その傍証、反証を整えた。また日本語版出版に際しては、戦闘の様相をより明確に再現するために、米軍の損害記録も併記することとした。

（　）は著者による注
［　］は訳者、日本語版編集者による注
日本側部隊名称は煩雑を避けるため、以下のように略記した。
第204海軍航空隊　　204空
飛行第64戦隊　　　64戦隊
独立飛行第83中隊　独飛83中隊

■米軍の組織の邦語訳は、以下の通りとした。

米陸軍航空隊（USAAF＝United States Army Air Force, Army Air Force）
Air Force→航空軍、Command→航空軍団、Wing→航空団、Group→航空群、Squadron→飛行隊、Flight→小隊。
Air Commando Group→特任航空群

翻訳にあたっては「OSPREY AIRCRAFT OF THE ACES 26 Mustang and Thunderbolt Aces of the Pacific & CBI」の1999年に刊行された初版を底本としました。
中国の地名については、原書では現在主流となっている中国語のローマ字表記（ピンイン、ウィード式）等に必ずしも則っておらず、米国主体の表記には混乱もみられましたが、翻訳の課程ではほぼ特定いたしております。本書では、原書の意図を尊重し、米軍における当時の表記をもとに、カタカナ書きのルビで読みを付しました。［日本語版編集部］

目次 contents

6		はじめに introduction
8	1章	P-47、太平洋戦線に出現 P-47 comes to the pacific
16	2章	ビルマ上空のP-51 P-51 over burma
24	3章	第5航空軍のP-47エース fifth air force P-47s in 1944-45
42	4章	フィリピンのP-51戦闘機 P-51 in the philippines
66	5章	第14航空軍のP-51 P-51 of the fourteenth air force
81	6章	中部太平洋 central pacific

93	付録 appendices
94	太平洋戦線のP-47とP-51エース一覧
52	カラー塗装図 colour plates
99	カラー塗装図 解説
63	乗員の軍装 figure plates
103	乗員の軍装 解説

はじめに
introduction

　数年前、ウィスコンシン州、オシコシのウィットマン飛行場で、マーリンエンジンの轟きがオーケストラのように建物を打ち震えさせたとき、わたしは最初のマスタング熱に囚われた。それはエア・アドベンチャー博物館のP-51D型の爆音以外の何物でもなく、どうしてこれほど多くの人々がこの飛行機に惚れ込んでしまうのかがわかった。第二次大戦の直後、わたしは編隊で帰ってくるP-47を見て、その力強さと美しさに同じような興奮を覚えた。実際、こんな戦闘機が空を飛んでいるのに、落ち着いているなんて、ほとんど不可能に思える。

　両戦闘機の欧州戦線での戦闘記録は批判の余地のないものであった。マスタングの操縦者はほぼ5千機にも達する敵機を撃墜、一方、競争相手のサンダーボルトの操縦者は3千機以上を撃墜した。両機種に乗っていた操縦者、数百名がエースとなり、地上にある航空機に対しても目覚ましい戦果をあげた。戦争の最終段階においては、敵地上空を木々の梢すれすれの低空で飛び、攻撃したP-51とP-47によって、兵員、トラック、戦車、その他重要な目標が大損害を受けた。

　太平洋戦線に於いても、両戦闘機はさまざまな点で、その真価を問われた。太平洋、地中海の空を制したP-38は、欧州北部、高空の薄い大気のなかでもその責務を満した。マスタングとサンダーボルトも太平洋での戦いに順応しなければならなかった。

　この戦いの初期、航続距離が短いこと、低空でのさえない飛行性能から、P-47はとくに歓迎されなかった。事実、1943年中期にニール・カービィ大佐の第348戦闘航空群が南西太平洋［日本軍の南東方面］に到着するまで、P-47はその真価を認められなかった。戦闘経験はなかったが、カービィは熟練したサンダーボルト乗りであった。そしてかれはこの大型戦闘機による高空での戦闘と、日本軍機に対する大きな利点、降下速度の大きさを存分に利用した急降下攻撃法を編み出した。この戦法は、太平洋にやってきたすべてのP-47戦闘航空群によって、終戦まで活用された。

　同戦闘機の能力を引き出したカービィは1944年中に、第Ⅴ戦闘航空軍団所属の戦闘飛行隊の半分をP-47装備にさせ、終戦までに20名に余る操縦者がP-47で、5機かそれ以上の撃墜戦果を報じた。

　戦いに加わった最初の数カ月、マスタングもさほど幸運ではなかった、アリソンエンジンを積んでいた最初のP-51A型で実戦に参加したからだ。日本軍の主力であったキ43一式戦「隼」より遙かに高速であったにもかかわらず、戦闘経験のない米軍操縦者は敏捷な日本機に旋回戦闘を挑むなという警告を忘れ、初期には多くのマスタングが失われた。しかし、ひとたび、戦術的な誤りが正されると、たとえば1944年の初頭までにビルマ上空でエースになった、

A型で8機を落とすジム・イングランドや、5機撃墜のボブ・マールホレムなどが操縦するP-51A型はすぐに戦いで実力を表した。

　1944年中盤、中国にP-51B型が到着すると事態は劇的に変わった。そして、1945年までに現れたP-51D型は、たちまち中国・ビルマ・インド戦域［CBI: China-Burma-India］の空を支配した。P-51Dは、もともとその任務に就くはずであった第5航空軍のP-38を押しのけ、日本本土を空襲する爆撃機の護衛作戦を実施して中部太平洋をも制圧した。

　おそらく、日本軍に対してもっとも大きな戦果をあげたP-51と、P-47部隊は中部太平洋にいたこの第7航空軍であろう。米陸軍航空隊では、この第7航空軍の戦闘機だけが日本本土に向かう重爆撃機の護衛任務に当たっており、10名を下らない操縦者が5機以上の撃墜戦果を報じている。

　本書では、マスタングか、サンダーボルトで、また希に両機種を以て、太平洋戦線と、中国・ビルマ・インド戦域で戦ったエースについて述べる。最大のエースは、議会名誉勲章に値する活躍を為し、同戦線で撃墜22機のニール・カービィ大佐である。他に、P-47で多くを落としたエースには、撃墜15機（とP-51K型による撃墜1機）のウィリアム・「ディンギー」［救命筏］・ダンハム少佐、9機撃墜のボブ・ロウランド大佐などがいる。マスタングエースの筆頭は、それぞれ14機を落とした中国・ビルマ・インド戦域の第23戦闘航空群に属するジョン・「パピー」［とうちゃん］・ハーブスト少佐、エド・マコーマス中佐、一方、中部太平洋にいた第15戦闘航空群のロバート・ムーア少佐はP-51で撃墜11機を報じている。

　欧州戦線で活躍したマスタングや、サンダーボルト操縦者の活躍の陰となり、太平洋戦線や中国・ビルマ・インド戦域で飛んだ数々のエースの功績が取りざたされることはほとんどない。筆者は、本書によってかれらの日本軍に対する活躍をなんとかして伝えることができればと希望している。

ジョン・スタナウェイ
アイオワ州、スーシティ
1999年2月

chapter 1
P-47、太平洋戦線に出現
P-47 comes to the pacific

　本書の前書きで簡単に述べたように、リパブリックP-47「サンダーボルト」は士気騰がる日本陸海軍の主力戦闘機、中島キ43一式戦、三菱A6M零戦との交戦が予想される南西太平洋の戦場では、決して快く、容易には受け入れられなかった。ニューギニアやニューブリテン島の高温多湿の密林上空で敏捷な敵機に遭遇したときのみならず、欧州での、もっと重いドイツ戦闘機との戦いでさえ、この米戦闘機は、大きすぎて扱いにくいと批判された。太平洋戦線で最初にP-47部隊を交付される予定になっていた第5航空軍の各戦闘航空群、飛行隊指揮官の多くが、サンダーボルトの受け入れを拒む理由として、航続距離が短く、低空での機動性能が不十分であることをあげた。

　しかし、第5航空軍司令官、ジョージ・チャーチル・ケニー大将は、P-47はもちろん、太平洋戦線に送られ、かれの手に入る軍用機のすべてを欲していた。かれはこの大型戦闘機が、日本から制空権をもぎ取るのに非常に役立つと確信していた。ケニーは配下の戦闘部隊への資材供給と改善に尽力し、手に入る飛行機なら何でも使って日本軍に攻撃を仕掛けていたので、部下からは「遣り手」と呼ばれていた。

　戦うためのものならなんでも活用しようという意思にも関わらず、ケニーもP-47が太平洋戦線に届いたとき、航続距離が短いという、一番大きな問題点も完全に認識していた。

　第Ⅴ戦闘航空軍団の戦略構想のなかでも、サンダーボルトはその短い作戦半径によって、事実上、長距離突破作戦に参加する航空機からは除外されていた。しかし第5航空軍のボスは、日本軍占領地域の奥深くにある重要目標を攻撃する戦闘機部隊がなんとしても必要だったので、同機を無視できなかった。P-47には、どうしてもうまくやってもらわなくてはならない。

　1943年5月から6月にかけて、最初のサンダーボルト部隊がポートモレスビ

ニューギニアに到着した直後、第348戦闘航空群のP-47D、先導小隊を率いるニール・カービィ大尉機。この写真の撮影は1943年7月。

このクローズアップ写真も左頁と同じときに撮影された。奥のP-47D-2のシリアル番号は42-8095。

ーに到着した。その指揮官がニール・カービィ中佐であったことは、ケニーにとって幸運だった。かれは、この筋金入りのテキサス人を引見し、後に「あいつは、わたしにとって、銀行預金みたいなものだ」と評した。かれは着任申告に来たカービィが、まず「どこに行けば日本軍がいますか?」と尋ねたことも気に入っていた。

戦闘経験こそないものの、カービィは1937年から陸軍航空隊で飛んでいる古参だった。1942年10月、新しく編成された第348戦闘航空群[第340、第341、第342戦闘飛行隊から成る]の最初の指揮官となる前に、かれはパナマ運河防衛部隊である第53追撃航空群、第14追撃飛行隊のベルP-39で数百時間にも達する哨戒飛行をこなしていた。

第347戦闘航空群では6トン近くもあるP-47の最初の操縦者のひとりとして、カービィは、この飛行機なら当時のいかなる枢軸軍戦闘機にも打ち勝てると感じていた。

リパブリック社は、欧州から届く、1939年から40年に至る戦闘報告から、今後の戦闘機の戦闘高度はこれまで適切であると考えられていたものよりも、まちがいなく高くなると認識していた。P-47が欧州戦線で生き残るには、余裕をもって高度6000m以上を飛べなくてはならない。1943年、この戦闘機が欧州でとうとう実戦に参加したとき、大気の希薄な高高度で爆撃機を護衛し、その真価を発揮した(詳細については本シリーズ第12巻「第8航空軍のP-47サンダーボルトエース」を参照)。しかし、これは対価なくして得られたものではない。中、低高度での機動性は芳しくなく、上昇力も平凡であった。

ニール・カービィは高空性能に優れたP-47の力を最大限に発揮させるための戦術を工夫した。ポートモレスビーのジャクソン飛行場を離陸したら、まず着実に7500m辺りまで上昇して行く、所定の高度に達したら、カービィは日本軍のウエワク要塞へと針路を定めた。日本軍の飛行場が見えると、かれは敵基地上の空間へ「逆落とし」攻撃を仕掛け、長い降下で得た速度と、余勢を駆って友軍占領地域へと離脱する。

カービィと第348戦闘航空群は、この戦術を使って数々の戦果を記録し、日本軍はすぐ、不意に現れ、8挺もの.50口径[12.7mm]機関銃から銃弾をまき散らすP-47の恐ろしさを思い知るようになった。

第348戦闘航空群の初期の成功は、ニール・カービィがP-47を戦いの道具として為した注意深い研究がもたらしたものであった。かれはこの戦闘機が、欧州戦線での高高度戦闘向けに仕上げられているが、そのころまでの太平洋戦線での空中戦は6000m以下の高度で戦われることが多いのを知っていた。そこで、カービィはP-47の高空性能と、圧倒的な急降下性能を存分に生かすため、高めの7500m程度の高度で飛ぶ訓練を行った。

かれの戦術はのっけから報われた。8月から12月に至る戦闘で、同戦闘航空群はあらゆる原因によって8名の操縦者を失ったものの、撃墜戦果150機以上を主張するに至るのである[第348戦闘航空群の8月から12月に至る戦死者は、離着陸事故3名、作戦中の行方不明2名、友軍高射砲の誤射1名、友軍戦闘機の誤射1名、空戦での戦死2名の計9名]。

最初のP-47エースたち
First P-47 Aces

太平洋戦線で最初に、P-47を以て撃墜5機を報じたのは、ニール・カービィその人であった。そして、エースになったその日に、米国人として最高の勇気の証、議会名誉勲章の叙勲が決まったことも記憶に値する。かれの初戦果は1943年9月4日、ラエの東方、ホポイ海岸南方の邀撃戦闘で撃墜を報じた一式陸攻1機と、一式戦1機であった[9月4日、カービィ大佐の戦果の他、同時刻、同地区で交戦した第39、80戦闘飛行隊のP-38は、零戦11機、九九艦爆1機撃墜を主張。第348戦闘航空群のP-47は、一式戦1機、一式陸攻1機撃墜を主張。対空砲火は一式陸攻2機の撃墜を主張。702空は一式陸攻3機喪失、1機がツルブに不時着大破。204空は零戦1機を喪失(戦死)。艦爆の損失は不明]。

そして、その10日後、マラハンの近くでキ46百式司偵1機の撃墜を報じた[日本側損害未確認]。

9月23日、大佐に進級したカービィの次の戦果は、10月11日、ウエワク上空で、戦闘航空群として初めて単独で実施した戦闘機掃討作戦中に報じられた。その日の朝遅く、日本軍の要塞上空に達した4機のP-47は、邀撃のために離陸してきた一式戦と、三式戦混合の約40機からなる編隊に突入していった。空戦はほぼ1時間にわたってつづき、カービィは一式戦4機(彼自身は海軍の零戦および、零戦三二型と報告している／米軍の両機種の混同は珍しいことではない)と、三式戦2機の撃墜を報じ、第341戦闘飛行隊の作戦将校で、将来7機まで撃墜戦果を伸ばすことになるジョン・ムーア大尉もまた三式戦撃墜2機を報じ、自己の総戦果を3機にした。もうひとりの未来のエース、第342戦闘飛行隊のビル・「ディンギー」・ダンハム大尉も今後撃墜を報ずることになる5機の最初の1機として、三式戦撃墜1機を主張している[10月11日、一式戦2機喪失(第14飛行団長の寺西多美弥中佐、68戦隊の小川登大尉が戦死)。原口軍曹機(三式戦?)が被弾、重傷を負い、不時着した他の損害は不詳]。

第340戦闘飛行隊に所属するこのP-47D-2は、1944年2月上旬に改良型のD-23に乗り換えるや否や戦果をあげはじめることになる未来のエース、マイク・ダイコヴィツキー中尉の乗機である。

第5航空軍司令官のジョージ・ケニー大将はこの一方的な勝利の報に接するやただちに、カービィ大佐に対する議会名誉勲章叙勲の申請を行った。これは1944年1月6日に認可され、ケニーは自らカービィに勲章を授けた。

第348戦闘航空群の情報将校バーナード・A・ロス中尉によって最終的に仕上げられたこの日の戦闘報告書には、彼らの指揮官が成功を収め、そして太平洋に於いてP-47がその実

力を証明したことに対する喜びが溢れている。

「この飛行小隊が歴史を作ったことはまちがいない。戦果は、カービィ大佐撃墜6機（零戦2機、零戦三二型2機、三式戦2機）、ムーア大尉三式戦2機、ダンハム大尉が三式戦1機と、合計9機撃墜。サンダーボルトはかすり傷さえ負わなかった。同機は、本戦域において水平および降下時における高速、素早いエルロンロール（横転）と恐るべき火力によって、今後、黄色いチビ飛行士どもの肝っ玉を縮み上がらせることになるだろう。今回は、P-47が480km以上も進出し、1時間の空戦を為し、3時間半に及ぶ作戦を完遂したことを銘記すべきである。約3500発の弾薬と、30mのフィルム（ガン・カメラ）が使用された」

1943年9月、我が家に送るため、出撃前に写真を撮ったローレンス・オニール中尉。かれのP-47D-2の側面に描かれた戦果は、9月13日に撃墜したG4M一式陸攻である。

10月22日には、B-25の護衛任務でウエワクに出撃、三式戦との交戦で3機と操縦者2名を失うという苦杯をなめたものの、1943年末までに、第348戦闘航空群の、少なくとも6人のP-47操縦者が5機以上の撃墜戦果を報じ、公認された［10月22日、第342戦闘飛行隊、P-47 2機喪失（落下傘降下1名、戦死1名）。第341戦闘飛行隊、P-47未帰還1機（行方不明）。78戦隊、三式戦2機喪失（戦死2名）］。

なかでも、カービィの戦功はずば抜けており、10月と12月の戦闘で、総戦果を17機にまで伸ばしていた。一方、かれのパナマ時代からの旧友、ビル・ダンハム大尉も、1943年12月21日、ニューブリテン島の南西隅にあるアラウェ半島［日本側呼称、マーカス岬］上空への哨戒飛行で3機撃墜の戦果を報じ、エースの称号を獲得した。新エースは次のような交戦報告を作成した。

「我々は予定通り、8機をもって離陸、船団の上空哨戒任務のためアラウェに向かった。600mより低空は、一面に広がった雲の下に閉ざされていた。我々は16時5分、目標上空に達し、16時45分まで哨戒をつづけ、戦闘に入った。ニップス［日本人］は、東に向かっていた我々に対して、西から出現してこちらを混乱させた。敵は正確な符号と、無線周波数、用語を非常にうまく使って、我々全部、地上の管制官までもだましていたのだ。管制官が攻撃されていると報せて来るやいなや、我々はきびすを返し、22機の急降下爆撃機を襲った。わたしは3機とともに、後方から攻撃した。至近距離から、九九艦爆1機に長い連射を見舞い発火させ、すぐに、別の敵機に目標を変えた。その機は回避機動をしたが、わたしは撃ちつづけた。

最終戦果である一式陸攻5機撃墜の印の前で、誇らかにポーズをとるオニール大尉。このうちの4機は、1943年12月26日に撃墜を報じたものである。この偉業に関するかれの戦闘報告書はがっかりするほど簡単なもので、撃墜を報じた4機の場所と時間が記してあるだけである。

射弾の命中はまったく認められなかったが、わたしが脇にそれたとき、敵機は海中に墜落した。左に身をかわし、状況を見きわめ、別の九九艦爆に後ろから攻撃をかけた。270m付近から撃ち始め、10m以下にまで接近した。敵機は燃え始め、密林に墜落した。別の機体へ鉾先を転ずる。しかし機銃5挺が突っ込みを起こし、その敵機は撃墜できなかった。わたしはさらに2機を後方から射撃したが撃墜はできなかった。最後の獲物から1.6km以内の地点に1機が落ちるのが見えた。後で、それがヒルビッグ中尉の獲物であったことを知った。とうとう弾薬が尽きた。もし単に、もっと弾薬があったなら、7機か8機は撃ち落とすことができただろう。上空には零戦がいたが、ウィリアム・バンクス大尉が連中を寄せ付けなかった。わたしはまちがいなく九九艦爆3機を撃墜したと報告した」

3番目の「ファイアリー・ジンジャーIV世」、別名、P-47D-4 42-22668の前に立つ、ニール・カービィ大佐。かれは同機で多いに戦果をあげたが、この機体で飛行中に撃墜されて戦死することになった。

　第342戦闘飛行隊の指揮官、ビル・バンクス大尉はこの24時間前にアラウェの北西で5機目の戦果として百式司偵の撃墜を報じたが、この戦闘では1機も落とせなかった。かれは脆弱な九九艦爆を攻撃する僚機に、掩護の零戦が襲いかかるのを阻止していたのである〔12月21日、午前と午後の戦闘で、日本海軍は零戦と、艦爆15機を喪失した。陸軍は三式戦1機未帰還、1機不時着大破（2名戦死）。第475戦闘航空群のP-38と、第348戦闘航空群のP-47は、それぞれ艦爆8機、零戦2機撃墜を主張。米軍は損害なし〕。

　第348戦闘航空群で、1943年が暮れる前にエースになったもうひとりの男は、第341戦闘飛行隊の古参、同部隊編成以来の生え抜き、サム・ブレア大尉だった。かれは1938年にミネソタ大学を卒業、1941年初めに航空士官学校に入校、そして、真珠湾攻撃の3日後、操縦者となった。ブレアは1943年12月17日早朝、アラウェ上空の戦闘機掃討で2機撃墜を報じ、総戦果を5機とした。かれの交戦報告は以下の通りである。

「アラウェ到着、8時15分、高度3000mで飛行中に一式戦15機、九九艦爆25機からなる約40機の編隊を発見。敵機はV字形編隊を組み、高度4500mを飛行中だった。見つけたとき、敵機は北東からやって来た。一式戦は濃緑色、他の連中は緑がかった茶色に見えた。主翼と胴体に赤い日の丸が描かれている。我々は落下増槽を投棄。九九艦爆は目標への急降下を開始した。我々は敵機を追跡したが、我軍の駆

1943年11月7日、サイドールで零戦三二型撃墜1機を報じた後の、12月初旬に撮影されたディック・ロウランド中佐のP-47D-2 42-8069「ミス・マット／プライド・オブ・ロディ・オハイオ」。

P-47D-2「ダーティ・オールド・マン」は1943〜1944年のあいだ、ほぼ第342戦闘飛行隊のウォルター・ベンツ大尉が飛ばしていた。ベンツが同機で1943年の10月から12月までに記録した撃墜4機の印が胴体に見えるようだ。かれが5機目の撃墜を報じるのは翌年であった。戦闘機の腹についた平べったい200米ガロンの「ブリスベーン型」落下タンクに注目、このタンクによって南西太平洋におけるP-47運用問題はまず解決されたのである。名前は、このタンクが発明された場所、米軍陸軍の巨大な航空廠があったオーストラリア、クイーンズランド州の州都に由来。

逐艦からの激しい対空射撃を避けるため、右に針路をそらし、降爆を終えた九九艦爆へと突進した。狙う敵編隊を決め、急降下、速度は640km/hに達していた。

「わたしは飛び出し、単機になっていることに気づいた。さらに3機の九九艦爆が北西に向かっているのを見つけ、2航過し、短い連射を見舞ったが、敵機は急旋回によって回避し、わたしは見越し角をうまく掴むことができなかった。上昇し、ふたたび敵機へと降下、高度60mで射程外から射撃を始めた。すると敵の1機は背面となり、そのまま木々のあいだへ突っ込んだ。機体を引き起こし、他の敵機は見失ったので、アラウェに向かって上昇していった。高度1500mに達すると木々の上を一式戦が3機、北西に向かっているのが見えた。降下攻撃をかけたが、射程に達する前に2機は左に、もう1機は右に急旋回した。わたしは斜め前方からすれ違いざまに短い連射を放ったが、効果はなかった。同じ戦法を3回繰り返してから、太陽に向かって1500mまで上昇した。わたしはここから、高度50mを飛ぶ一式戦に対し、さらにもう1航過攻撃、射程外から撃ちながら敵機の後方へと迫っていった。命中が見えると、敵は機体を引き起こさず、そのまま真っ直ぐ丘に衝突してしまった」

[12月17日、日本海軍の損害は不明。59戦隊は一式戦1機(戦死)を失ったが、ツルブ離陸中をP-38に襲われたと報告されている]

　ブレアの交戦報告書は、当時、P-47は6000m以上の高度でも、超低空でも同じように具合良く飛べると、皆が信頼を寄せていたことを表している。これに対して、常に「高度の優位を保て」と主唱していたニール・カービィは、1944年に年改まってからわずか72時間後、4機を率いてウエワクへと戦闘機掃討に出撃し、この原則の手堅さを実証した。

「14時30分、目標到着、高度8100m。敵、零戦1機(おそらくは一式戦)が高度1200mで、ブーツからウエワク飛行場へと向かっていた。わたしは直後方300mから発砲、速度は560km/hであった。胴体に命中するのが見え、3秒間の連射で零戦は発火した。追い越しざま、敵機が確実に落ちたかどうか一瞥した。火災は収まり、零戦はもとの針路を飛んでいる。わたしは360度旋回し、ふたたび直後方位置についた。敵機は回避運動もしない。6秒間連射、発火

させた。だが、追い越すと、また火は消えていた。もはや高度は300mとなっている。旋回し、ふたたび攻撃位置につこうとすると、敵機は海中に墜落した」

これは1月3日における大佐の2機目の撃墜であった。かれはすでに朝の掃討で、滑走路から離陸しようとするキ21九七重爆1機を落としていたのだ。このときも、かれは高度の優位を利用、高速で、重々しく離陸しようとしていた爆撃機の両エンジンを発火させ、その辺りを哨戒していた6機の日本戦闘機が反撃してくる前に、ふたたび高度をとった。この頃、大佐は、ケニー大将自身の命令で、第Ⅴ戦闘航空軍団司令部に転属させられていたため、両空戦時とも、カービィ小隊の僚機は第341戦闘飛行隊から「徴発」して来た連中であった［1月3日、日本側記録、8時、ウエワクにP-40（P-47との誤認？）が3機来襲、百式司偵1機喪失。13時、P-47が2機来襲、68戦隊1機喪失（戦死）。カービィの戦果、九七重爆は百式司偵、零戦は一式戦との誤認か。当時、68戦隊は三式戦の不足から、一式戦も使用していた］。

かれの昇進は1943年11月12日に発令され、航空群の先任将校であったディック・ロウランド中佐が飛行部隊の指揮官に昇進した。ロウランド中佐はボクシング・デイ（12月26日）の午後に5番目の戦果として一式陸攻の撃墜を報じ、1943年に、6番目、そして最後のP-47エースになった。ほぼ、おなじ頃、第342戦闘飛行隊のローレンス・オニール中尉は一式陸攻4機を撃墜して、ウンボル島攻撃からの連合軍船団を護った。かれはそれ以前、1943年の9月にG4M一式陸攻を1機撃墜していた［12月26日、第348戦闘航空群は一式陸攻15機、三式戦2機撃墜を主張。失われた第342戦闘飛行隊のP-47プラット中尉機は、米軍対空砲の誤射によるものとされている。61戦隊の百式重爆7機が出撃、2機はエンジン不調のためアレキシスに着陸。残り5機は未帰還。護衛戦闘機32機のうち、78戦隊の三式戦2機が未帰還。日本戦闘機は6機撃墜を主張。この日、一式陸攻の出撃はなく、P-47が落としたのは明らかに百式重爆である。以上の他、米軍はP-47喪失2機、P-38喪失2機（戦死2名、落下傘降下2名）の損害を出しているが、海軍の零戦隊（4機喪失、その他九九艦爆13機喪失）との交戦の結果と思われる］。

一方、ニール・カービィはすぐに、新しい職務には、一見解決しようもないような管理上の問題があり、実戦に参加する機会も限られるなど、ふたつの困難があることを知って、たちまち気落ちした。かれの抵抗にもかかわらず、ケニー大将はカービィの指揮統率力を認め、かれのような歴戦の操縦者たちの経験を訓練や作戦立案に役立てるため、危険な前線任務から遠ざけたのである。ケニーはうまく優秀な操縦者を前線勤務から引っこ抜いたのだが、かれらの多くは何とかごまかして作戦に出撃し、次々と戦死してしまい、ケニーを失望させた。

そんな連中同様、カービィも日本機を撃墜したいという熱情に駆られ、いつも第348戦闘航空群からP-47を1機借り、4機編隊の指揮官として、

P-47D「ベブズⅣ世」の前でポーズをとる第342戦闘飛行隊のエドワード・ロビー大尉。この写真を撮った時、かれは7機撃墜を報じ、同時に第348戦闘航空群のトップエースとなった。ロビーは1944年2月4日に8機目の撃墜を果たした。

第341戦闘飛行隊のサム・ブライヤーも1943年の終わり、10月から12月までの間に6機撃墜を報じてエースとなった。かれの7機目、そして最後の戦果は、カービィ大佐が撃墜されて戦死した作戦で得られた。

お好みの狩り場、ウエワク上空で戦闘機掃討を実施した。第Ⅴ戦闘航空軍団に到着した直後、記者会見に臨み、戦闘飛行のできる時間割宛について尋ねられ、かれは出撃できるのは一週間に2回以下だと返答。

そして「将軍は『以下』ってところを強調していたよ」と、付け加えた。

この段階で、カービィは、忘れられた戦線「ニューギニア」に対する銃後の関心を喚起するため報道機関が煽っていた非公式の米陸軍航空隊「エース競技」で覇を争っていた。米国の筆頭エース、ディック・ボングの戦果は21機に達していたが（詳細は本シリーズ第13巻『太平洋戦線のP-38ライトニングエース』を参照）、かれは11月に休暇で帰国していた。同じく、P-38操縦者のトム・リンチも16機を落として、休暇でアメリカに戻った。この戦場に残り、ボングの戦果を凌駕する可能性をもっていたのは、不人気なP-47に乗っていたカービィひとりだった。邪魔なのはケニー大将だけだ。

1944年初頭、第348戦闘航空群のフィンシハーフェン基地で、第5航空軍司令官のジョージ・ケニー大将から、議会名誉勲章の叙勲を受けるニール・カービィ大佐。この式典では、他のP-47操縦者の多く、たとえばカービィの後任として第348戦闘航空群の指揮官となったディック・ロウランド中佐らも叙勲を受けた。

前線勤務から遠ざけられるまで、50機撃墜を達成したいという抱負を抱いていたカービィだったが、そんななかで、戦闘出撃の機会を求める熱意について、記者に執拗な質問をされても苛立たなかった。かれは何度も、別に記録破りをしたいわけじゃないと語り、「とにかく落としたいだけだよ」と説明した。「人殺しはしたくないけど、落としたいんだ。落とせば、ためになるし、それが飛ぶ励みにもなる」。

12月23日までの4カ月間の戦闘で、ニール・カービィは戦果を17機撃墜、1機撃破にまで伸ばした。かれは再三再四、サンダーボルトが太平洋戦線でも有用であることを証明したが、新年を迎えるに当たって、ディック・ボングの記録を凌ぐことによって、このでかいリパブリック社の戦闘機が、ライトニングと同じくらい役に立つことを、はっきりさせてやろうと決意した。

1944年に入るまで、第Ⅴ戦闘航空軍団では、カービィ以外にP-47のエースは生まれなかったが、12月から1月にかけて、P-38のエース、ジェリー・ジョンスン少佐がその11、12機目の戦果として[P-47で]2機を撃墜した。これは「フライング・ナイツ[大空の騎士]として知られる、かれの有名な第9戦闘飛行隊が、ラバウル上空で大空中戦が起こっていた1943年10月から11月に、装備を太平洋では不足気味だったP-38から、だぶついていたP-47に改変した直後のことであった。

1944年の半ばに第49戦闘航空群がすべてP-38J型に改変されるまで、他の2個飛行隊が未だ古いP-40を使っているときに、同航空群の中で唯一サ

ンダーボルトを試した飛行隊となったが、根っからのP-38乗りたちは、使い古したライトニングの代わりにあてがわれたサンダーボルトに、たいして感心しなかった。

　第9戦闘飛行隊で短期間いじったP-47がどれくらいだめだったかは、同飛行隊が「ジャグ」［Jug＝水差し。P-47のあだ名］を飛ばしている間、ジョンスン以外では、2名のエースが各1機の戦果を報じたのみであったことが示している。ラルフ・ウェンドレイ大尉が1944年3月13日にウエワク上空で零戦撃墜1機を報じ、かれの6番目、そして最後の戦果をあげ、ウォーリー・ジョーダン大尉がその24時間後、ボラム上空で、かれの2番目（最終戦果は6機）の戦果として一式戦1機撃墜を報じたのである［3月13日、ウエワクの第14飛行団は一式戦2機を喪失（戦死1名）、B-24撃墜4機、P-40撃墜1機を主張。14日、33戦隊、77戦隊、喪失計6機（戦死4名）。6機撃墜を主張。両日とも米軍は損害なし］。

　第9戦闘飛行隊では可もなく不可もない代物であったが、ニール・カービィと、第348戦闘航空群にあっては長きにわたり、P-47が南西太平洋で卓越した功績をあげることになった。「フライング・ナイツ」ではP-38乗りの大半が好まなかったが、1943年の末までには、もっとも熱心なライトニング贔屓たちも、P-47を不承不承ながら評価するようになった。

chapter 2

ビルマ上空のP-51
P-51 over burma

　連合軍の高級司令官たちは、戦争全般にとって、中国・ビルマ・インド戦域よりも、他のふたつの戦域、欧州と太平洋の方が重要であるとみなしていた。そのため、戦時中ずっと、人員も装備も、ここへの増援は、いつもいちばん最後にされていた。運良く、中国の連合国空軍の司令官、クレア・シェンノート将軍は、広大な地域を一握りの戦闘機で、なんとかして効果的に防衛する戦術を編み出していた［本シリーズ第21巻「太平洋戦線のP-40ウォーホークエース」を参照］。

　P-40の航空群がふたつ到着する一方、同じ月内に、A-36A「アパッチ」急降下爆撃機を装備する第528、第529戦闘爆撃飛行隊と、P-51A「マスタング」を装備する第530戦闘爆撃飛行隊からなる第311戦闘爆撃航空群が「忘れられた戦線」、インドのナワディーに到着した。これらノースアメリカン社の新顔、未来の傑作機は、まず日本軍にお披露目をすることになった。同時に少数が中国の桂林（クウェイリン）にいた第23戦闘航空群にも配備された。

　1944年中頃までに、第311戦闘航空群（5月に改称）所属の3個飛行隊の全部がさらに新型のP-51を交付されることになり、ビルマ、そして後には中国で戦った。終戦までに、もともとマスタングが配備されていた第530戦闘飛行隊

指揮官チャールズ・G・チャンドラー大佐機、P-51A「キャスリーン」の前でポーズをとる第311戦闘航空群、第530戦闘爆撃飛行隊の操縦者たち。いちばん左に立っているのが、航空群で最高のエースであるジェイムズ・イングランド。右から2番目の操縦者が来ているM2革ジャケットには、「中国・ビルマ・インド戦域」パッチ、そして第530戦闘飛行隊の異名である「黄色いサソリ」のパッチが誇らかに縫いつけられている。(Carl Fischer)

1944年春、ディンジャンでイングランド大尉の大猟を願う機付長。大尉はすでに多くの戦果をあげた頼もしいP-51Aマスタング「ジャッキー」のシートベルトをしっかりと締めている。(William Wolf)

と、P-38をもっていた第459戦闘飛行隊(詳細は本シリーズ第13巻「太平洋戦線のP-38ライトニングエース」を参照)が、第10航空軍のエースの大半を輩出することになった。

前述のように、ビルマの密林の上空で日本軍と交戦した第530戦闘爆撃飛行隊はP-51A型の「先駆者」であった。戦争のその時点まで、マスタングは英空軍が欧州北部で威力偵察などに、米陸軍航空隊が地中海(詳細は「Osprey Aircraft of the Aces 7──P-51 Mustang Aces of the Ninth and Fifteenth Air Force and the RAF」を参照)で、限定的に使用していただけだった。これらの小競り合いの結果から、両空軍は、アリソンV-1710-81エンジンを搭載したこの戦闘機による高度4500m以上での性能については、ひどく批判的であった。

しかし、日本の航空部隊はそれ以下の高度で戦うことを好んでいたため、驚くべき傑作P-51は中国・ビルマ・インド戦域で、その本領を発揮することになるのである[1943年10月16日、第311戦闘爆撃航空群は最初の戦闘出撃としてサンプラバンを急降下爆撃、視界の悪い夕暮れ、指揮官が航法を誤ったため、A-36Aが3機未帰還となった。2名捕虜、1名戦死]。

第530戦闘爆撃飛行隊は当初、北インドとビルマの国境に接するアッサムに基地を定め、この戦域に到

別方向から見た「ジャッキー」と、イングランド、そして機付長。前ページの写真の数カ月前に撮られたものだ(Williamm Wolf)。

着するやいなや、1943年11月25日から始まるラングーンへの連続空襲に参加することなった。マスタングは長距離侵攻用の落下増槽を装着、暫定的な前進基地コックス・バザーへと進出、かつての英空軍基地、ミンガラドン飛行場を襲うB-25を護衛することになった。日本軍は一連の猛襲に対して、キ43一式戦と、キ45改二式複戦で応じたが、交戦の結果、双発の重戦闘機1機の撃墜と、不確実撃墜1機が報じられた。さらに一式戦2機の不確実撃墜も報じられたもののマスタング2機が失われ、その他2機が重大な損傷を受けた［日本側は21戦隊の二式複戦1機喪失(戦死)の他、損害なし。当時ミンガラドンにいた64戦隊の第3中隊は、檜中尉、隅野中尉、木下准尉がそれぞれ、P-51を1機撃墜、その他、2機を損傷させたと主張。詳細は本シリーズ第6巻「日本陸軍航空隊のエース 1937-1945」、『つばさの血戦』檜與平著・光人社NF文庫・1995年を参照］。

2日後、P-51Aは、第459戦闘飛行隊のP-38とともに、B-25とB-24の編隊を護衛して、ふたたびラングーン周辺の目標を攻撃した。中型爆撃機は第530戦闘爆撃飛行隊の機体に護られてインセンの兵器廠を襲い、一方、10機のマスタングに護衛されたB-24は、おおよそ13時30分頃に目標上空に達した。辣腕の64戦隊所属の一式戦と、21戦隊の二式複戦という手強い敵は、マスタング2機と、ライトニング2機、B-24を3機撃墜した［11月27日、米軍の戦闘報告書によれば、マスタング4機(戦死3名、捕虜1名)、ライトニング2機(戦死2名)、B-24が3機(1機は21戦隊の屠龍による戦果)失われた］。

それに対して、マスタングは、少なくとも一式戦2機を撃墜(P-51の操縦者は3機撃墜したと主張しているが)、かれらの限られた機数で精一杯爆撃機の掩護に努め、さらに数機を不確実撃墜または、損傷させている。48時間前に二式複戦撃墜1機を報じ、将来10機撃墜のエースとなる第530戦闘飛行隊のジェイムズ・イングランド中尉は、この作戦で、初の公認撃墜戦果として一式戦1機

ジャッキーの機首右側には、第530戦闘爆撃飛行隊のエンブレム(爆弾を持って急降下する鳥)が描かれている。(William Wolf)

を落とした（実際、かれが報告したのは零戦1機撃墜と、1機撃破であった）。ボブ・マールホレム中尉はさらにうまくやって、一式戦撃墜2機と、不確実1機の戦果を公認された［11月27日、64戦隊は、15機のP-51と4機のP-38に掩護された56機のB-24と、9機のB-25を、わずか8機の一式戦と、二式単戦1機、数機の二式複戦で邀撃。日本側の損害は、64戦隊がキ43（B-24の防御砲火で墜落・落下傘降下）、キ44（P-51との交戦・戦死）各1機を喪失、P-51との交戦で檜中尉重傷（『つばさの血戦』に詳細あり）。その他21戦隊の二式複戦1機がP-51に撃墜された］。

　同部隊による初期の小競り合いで勝ち名乗りを上げた両名は、やがて第530戦闘飛行隊最初のエースとなった。

1944年初頭、次のビルマ密林上空への出撃前、思いに耽るジェイムズ・ジョン・イングランド大尉。

日本側の視点
Japanese Perspective

　第311戦闘爆撃航空群の二度の出撃は、航空群の指揮官ハリー・R・ミルトンJr大佐機を含む4機［実際には6機］を失うという犠牲多きものであった。かれは、1943年11月27日［原文のママ、25日が正しい］の最初の交戦で、誰あろう64戦隊の古参エース、檜與平中尉の手にかかったものと信じられている。檜中尉はマスタング飛行隊来襲の報を受け、小隊を率いて邀撃したが、米陸軍機を発見したときには、敵味方を判じかねた。檜中尉が一式戦の翼を振り、識別を試みると、ミルトン大佐は連射でそれに応えた。中尉は戦闘経験未熟な敵機の後方へと素早く機動し、撃ち落とした。ミルトンはひどく被弾したマスタングから落下傘降下し、すぐに捕まってしまった［『つばさの血戦』によれば、檜中尉が翼を振ったのは敵機発見を僚機に報せるため。また檜中尉がP-51撃墜を報じたのは第530戦闘爆撃飛行隊による第1回進攻時で、ミルトン大佐機が撃墜されたのは午後遅くの第2回進攻時である。64戦隊は、この第

1944年中盤、愛機P-51Aの側面窓を開けている第311戦闘爆撃航空群のエース、ボブ・マールホレム中尉。不鮮明であるが、珍しい写真だ。かれは撃墜5機のすべてをビルマで報じている。

このP-47Dは、1944年にインドを基地にする第80戦闘航空群、第90戦闘飛行隊に属していた。第90戦闘飛行隊のサム・ハマー中尉がもう少しというところまで迫ったものの、同航空群のサンダーボルトだけによって、中国・ビルマ・インド戦域でエースになった者はいない。かれはP-47Dで1944年12月14日に、二式単戦の撃墜3機を報告している。かれはその数ヵ月前、P-40Nで百式重爆撃墜2機を報告していたので、第80戦闘航空群唯一のエースとなった[12月14日、バーモ南東で飛行第64戦隊の一式戦が、輸送機護衛中のP-47と交戦。一式戦2機を喪失した。米軍は輸送機1機を喪失したが、第90戦闘飛行隊は二式単戦撃墜4機を報じている]。
(W M Kampmeyer via J Crow)

2回進攻では撃破3機を報じたのみで、撃墜は報告していない（実際にP-51は3機が被弾、ミルトン大佐機は被弾して帰還中に墜落。落下傘降下した）。著者はおそらくヘンリー・サカイダ氏の本シリーズ「日本陸軍航空隊のエース1937-1945」を参照したのみで、第530戦闘爆撃飛行隊の戦闘報告書は調査していないようだ]。

2日後、檜中尉はラングーンの大空襲のさなか、さらにマスタング1機、P-38撃墜1機、第308爆撃航空群のB-24撃墜1機を報じた。2機目のB-24、投弾地区から離脱中の爆撃機に接近中だった日本陸軍エースの一式戦は、ボブ・マールホルムに反撃で、ひどく撃たれた。アメリカ人が放った狙い澄ました銃弾は檜中尉の右脚を粉砕し、キ43の機体を穴だらけにしたが、エンジンは無事だった。檜中尉は、なんとかマールホルムを振り切り、後は傷ついた機体で帰還することにだけに全力を尽くした。かれの一式戦は、マールホルムによって、撃墜ほぼ確実な「不確実撃墜」と報告された。

檜中尉はその後、片脚を切断、回復後、帰国した。絶望的な戦況のなかで、檜與平は義足をつけて実戦勤務に復帰、本土防空戦に参加、明野飛行学校[飛行第111戦隊]のキ100五式戦を以て、1945年7月16日に、マスタング（第506戦闘航空群、第457戦闘飛行隊ジョン・W・ベンボウ大尉のP-51D）をまた1機撃墜した。

これら初期の交戦において、日本軍はP-51Aの戦闘能力に関心をもたなかった。P-40よりも多少速いが、火力は劣るという評価だった。当時、中国・ビ

いま着陸したばかりのB-25ミッチェルの護衛任務を終え、基地、ブロードウェイの滑走路上を轟音とともに航過する第1特任航空群のP-51A。第1特任航空群は自前の戦闘機、爆撃機、輸送機を持つ複合部隊で、近接支援任務を主としていたため、同部隊のマスタング操縦者が撃墜戦果をあげることは稀だった。実際、第1特任航空群でエースの名乗りを上げることができたのは、熟練操縦者、グランド・マホニー中佐ただひとりであった。かれは最初の撃墜戦果4機を、P-40Eで、日本の進攻初期、1941年と1942年初頭にフィリピンとジャワで報じ、肝心の5機目を落とすことができたのは、1944年4月17日、インパール上空でP-51Aを飛ばしていたときであった。
(Michael O'Leary)

ルマ・インド戦域で日本軍がもっとも恐れていたのは、マスタングがやって来る直前にインドに届いていた、英空軍のスピットファイアMkⅤCであった。日本軍の操縦者はスーパーマリン社の戦闘機に遮二無二挑戦して打ち倒し、11月末のラングーン空襲では多数のスピットファイアを撃墜したと誇っている。だが、実際、この戦いにスピットファイアは参加していない［日本側戦記がラングーンでスピットファイアを落としたと書いているのは、1941年12月から翌年1月にかけて、これは米義勇航空隊のP-40との誤認であった。一式戦によるスピットファイア初撃墜（英軍記録）は、1943年11月23日、33、50戦隊によるチッタゴン威力偵察時。本格的な交戦が始まった1944年1月いっぱいまでの両機種間の戦績は、一式戦喪失5機、損傷2機（日本側記録）に対して、スピットファイアは喪失3機、損傷3機（英軍記録）であった。11月25、27日、そして続く28日の空戦の総決算は、日本側の二式複戦2機、一式戦（B-24の防御砲火による喪失）、二式単戦各1機の喪失に対して、米軍記録による損害はP-51喪失7機、P-38喪失2機、B-24喪失3機であり、黒江保彦大尉の指揮下、10機にも満たない古い一式戦二型で戦っていた64戦隊第3中隊の精鋭ぶりを際立たせるものであった］。

最後の空襲
Final Raids

1943年12月1日、ラングーン連続空襲の最終日。日本軍の反撃はまた激烈で、多数のB-24が撃墜された。一式戦3機が護衛戦闘機に撃墜され、うち1機が第530戦闘飛行隊の戦果であったが、同様にマスタング1機が失われた［第7爆撃航空群はB-24喪失5機、損傷9機。第308爆撃航空群はB-24喪失5機。日本側損害は、64戦隊の一式戦2機喪失（戦死、落下傘降下各1名・少なくとも1機はB-24の防御砲火で撃墜された）、不時着3機。詳細は『ああ隼戦闘隊』黒江保彦著・光人社NF文庫・1993年を参照］。

この作戦が終わると第530戦闘飛行隊は、東のアッサム近辺にあった第311戦闘爆撃航空群の基地に戻り、A-36Aの2個飛行隊とふたたび合同した。以上のようにP-51の運は当初、良くもあり、悪くもあったが、12月1日のラングーン空襲後、まもなく襲ってきた日本爆撃機を迎撃するという幸運で締めくくられた。マスタング操縦者たちは、まったく損害を受けずにキ21九七重爆

P-51Aを使って中国・ビルマ・インド戦域で日本軍と戦ったのは、第23戦闘航空群と、第311戦闘爆撃航空群、そしてこの第1特任航空群だけであった。第1特任航空群はP-51Aの胴体後半に非常に目立つ白い5本線を入れており、このマーキングは同部隊のB-25にも施されている。中国・ビルマ・インド戦域の苛酷な環境下で使用されたにもかかわらず、アリソンエンジンは任務を果たせることを証明した。2機の長機は、汚れた機首に「ミス・ヴァージニア」と書き込んでいる。排気の汚れが機体の全体に広がっており、またスピナーの前端は無塗装である。チン丘陵の近くで撮影されたこの写真の2番機は、第1航空コマンド群の指揮官、フィル・コクラン大佐機で、かれは戦後、米国の人気漫画「テリー＆パイレーツ」のキャラクター「フリップ・コクラン」のモデルとなった［ビルマで第1特任航空群のP-51Aが初めて一式戦と交戦したのは1944年2月14日、たちまち2機のP-51が撃墜され（1名戦死、1名捕虜）、コクラン大佐自身のP-51もひどく被弾、かろうじて帰還した他、さらにP-51が2機被弾していた。交戦した50戦隊では、一式戦1機が不時着したのみ］。(Michael O'Leary)

2機と、護衛の一式戦1機を撃墜した他、数機に損傷を与えたと主張している［第311戦闘爆撃航空群のP-51は、12月10日と13日に日本機と交戦。日本側は一式戦4機、九九双軽4機を喪失したが、他飛行隊のP-40も戦果を報じているので、マスタングの実戦果は不明］。

　その後、1944年3月27日に、第10航空軍のP-51にとって最良の日が訪れるまでは、戦闘は低調だった。この日、大半が一式戦から成る20機の戦闘機に護衛された18機のキ49百式重爆がレド付近の飛行場を空襲、およそ85機のP-40と、P-51Aが即座に防衛のために離陸した。第311戦闘爆撃航空群のマスタング数機を含む、23機余りの連合軍戦闘機が護衛戦闘機の壁を破り、爆撃機に殺到、百式重爆のほとんど全機を撃墜するか損傷させたのである［3月27日、百式重爆9機と、一式戦60機がレド油田を攻撃。64戦隊一式戦2機喪失（戦死2名）。204戦隊一式戦2機喪失（戦死2名）、不時着1機（生還）。62戦隊百式重爆8機喪失、1機不時着（機上戦死3名）。第80戦闘航空群のP-40と、第311戦闘航空群のP-51は百式重爆13機、一式戦14機撃墜を主張。米軍はこの空戦でP-40を1機、P-51を2機失った。詳細は『加藤隼戦闘隊の最後』宮辺英夫著・光人社NF文庫・1998年を参照］。

　インド東方のノース・パスで朝遅く起こったこの戦いで、いまや大尉になったジェイムズ・イングランドは一式戦2機、百式重爆1機を撃墜、同じく3番目の一式戦と、2番目の百式重爆を損傷させたと主張、彼の最良の日であった。この獲物によって、かれの戦果は5機に達し、イングランドは中国・ビルマ・インド戦域初のP-51エースになった。

　この実り多き日の後は、日本軍が3月27日の損害に打ちのめされたため、ふたたび第311戦闘爆撃航空群はビルマ北部で、あまり為すこともなく過ごしていた。実際、第530戦闘爆撃飛行隊がビルマ中部への戦闘機掃討作戦を始めるまで、マスタング乗りたちは撃墜戦果を伸ばすことができなかった。

　1944年の前半、第459戦闘飛行隊のP-38と、第530戦闘爆撃飛行隊のP-51は多数の日本軍飛行場を荒らし回ったが、なかでもメイクテイラがもっとも注意を惹くようになった。4月と5月は書き入れ時で、米軍の両飛行隊は何度も「大猟」を経験し、おびただしい数の日本機の地上と空中での撃破を報じた。

　第530戦闘飛行隊（5月に改称）にとって5月のある3日間は特別であった。11日、メイクテイラ掃討ではP-51が、その飛行場群の上空で少なくとも10機の日本戦闘機撃墜を報じた。イングランド大尉はP-51A-1（43-6077）で、一式戦1機、二式単戦1機撃墜を報じ、7機の公認撃墜を以てトップの座を保った。マールホレム中尉も零戦2機撃墜を報じたが、おそらく一式戦の誤認であろう。これはかれの3機目、4機目の戦果で、この戦いではさらに一式戦1機を損傷させた。ケン・グレンジャー中尉もまたキ43撃墜2機を報じ、その後、ビルマにいる間、さらに地上撃破4機の戦果を得た。

　第10および、第14航空軍では操縦者の敵機に対する攻撃意欲を昂進させるために、地上での撃破も公認していたが、英国にいた第8航空軍のように地上での撃破を空中での撃墜と同等に扱うまでのことはしなかった。

　翌12日、第530戦闘飛行隊はメイクテイラ上空でより大きな成功を収め、さらに8機撃墜を報じた。うち1機はマールホレム中尉が撃墜を報じた二式単戦で、これがかれの5機目であり、マールホレムはエースの称号を得た。レナード・「ランディ」・リーヴズ中尉もまたこの空戦で、二式単戦1機を撃墜、さらに

2機を傷つけたと主張、かれはこの後も戦果を伸ばし続け、1945年9月に戦闘服務期間が終了するまでに、さらに5機の撃墜を報じた。将来空中で2機、地上で14機の戦果を報じ、部隊の地上撃破王となるボブ・リード中尉も、今回、とうとう二式単戦を1機損傷させて初戦果をあげた。

　5月の「大猟」最後の日は、日本戦闘機4機の撃墜が報じられた14日であった。メイクテイラを襲う第530戦闘飛行隊のマスタング22機を、第459戦闘飛行隊のP-38が上空から掩護し、イングランド大尉は二式単戦撃墜をさらに1機報じ、総戦果を8機にしたが、マールホレム中尉は二式単戦1機の不確実撃墜を報じたのみだった［5月7日から87戦隊の二式単戦25機が、パレンバン防空から一時転用され、メイクテイラの防空に参加。11日、87戦隊は二式単戦4機喪失（戦死3名、落下傘降下1名）他、被弾6機。P-51撃墜7機（うち4機不確実）を主張。204戦隊も一式戦を1機喪失（戦死）。米戦闘機隊は13機撃墜を主張。12日、87戦隊は2機喪失（戦死2名）。14日、87戦隊は1機喪失（戦死）、撃墜7機を主張。以上のように、87戦隊はP-51との対決で二式単戦7機と操縦者6名を失い、その一方、多数の撃墜を報じているが、P-51の損害は14日に3機が被弾したのみであった］。

　これらの戦果は、第10航空軍におけるP-51エースがあげた最後の戦果となった。第311戦闘航空群は1944年8月を以て、中国の第14航空軍へと配置換えになったのである。こうして、ビルマでの残り少ない空中戦は第459戦闘飛行隊のP-38と、第88戦闘飛行隊のP-47が引き受けることになった［ビルマでの一式戦とP-47の初交戦は7月29日、第88戦闘飛行隊では1機のP-47が撃墜され、もう1機が不時着。交戦した50戦隊、204戦隊の隼は全機が無事に帰還した。ビルマの一式戦は、11月25日のP-51、11月27日のP-38に続き、例によって米軍の新鋭機を初交戦でまた一方的に撃墜したのである］。

中国での終末
End in China

　中国の重慶に移動してから第530戦闘飛行隊が報じた撃墜戦果はほんのわずかであった。いまや飛行隊の指揮官となったジェイムズ・イングランド少佐は、その年の暮れまでに、一式戦2機の撃墜を報じ、3機目を傷つけ、総戦果を10機まで伸ばした。中国への移動が決まると同時に飛行隊の装備はP-51C型に更新されたが、第311戦闘航空群にはこの新型機を活用する空戦の機会がほとんど訪れなかった。第530戦闘飛行隊が85機目、そして最後の戦果を記録したのは、1945年3月24、25日の南京地区上空での戦闘だった。ここで落とした4機はすべて、第14航空軍時代に生まれた第530戦闘飛行隊のエースの戦果だった。レスター・アラスミス中尉は24日に一式戦1機撃墜と、二式単戦1機撃破を報じて、最終戦果を6機とし、レナード・リーヴズ中尉はその24時間後に一式戦1機を落とし、自己戦果を同じく6機にした。

第5航空軍のP-47エース 1944〜1945年
fifth air force P-47s in 1944-45

　1944年が明けるまでに、ニール・カービィ大佐は南西太平洋戦線におけるかれの野望を、ふたつながら実現していた。P-47は第Ⅴ戦闘航空軍団の前線兵力のほぼ半分を占めるようになっていたし、新年最初の9日間でかれ自身の日本機撃墜戦果を21機にまで伸ばしたのである。

　太平洋戦線におけるサンダーボルトの数は目立って増えてきていたし、貴重なP-38が、1943年11月にラバウルへ一連の大攻撃を行った際に16機も失われ、さらに多くが損傷したことによって、増勢はさらに促進されていた。ロッキード戦闘機の補充は少なく、飛行隊は損失機材の穴埋めに必死になっており、第5航空軍の戦闘航空群指揮官たちはP-47を受け入れる以外にないと実感していた。

　1943年末、第9と、第39戦闘飛行隊が運命を甘受したが、数カ月間にわたって有能に働いてきた古手のP-38部隊にとっては思いがけないことであった。両部隊の操縦者はP-38がひどく気に入っており、P-47を見下していた。こんな感情が転換訓練中ずっと尾を曳き、第39戦闘飛行隊は1944年の後半まで、ただの1機の確実撃墜戦果もあげられなかった。第9戦闘飛行隊も、P-47の到着から数カ月間、南方からガサップ地区へ、あえてやって来る敵機はほんのわずかで、空戦の機会は少なかったと証言している（第1章を参照）。

　当時、第9戦闘飛行隊の指揮官であったジェリー・「ジョニー・イーガー」［がめついジョニー］・ジョンスン少佐は、前述したように、1943年12月10日、最近占領したばかりのラエの町から北に160kmほどの地点で、部隊の新しい

1944年初期、分散駐機地区にいる第348戦闘航空群の標準迷彩をまとったディック・ロウランド大佐の「ミス・マットⅡ世／プライド・オブ・ロディ・オハイオ」。(Krane Files)

基地であるガサップへの飛行中に、早くもP-47での初戦果を報じた。

　飛行中、米軍操縦者たちは、米陸軍航空隊の輸送機を襲おうとしている日本軍戦闘機の大群へと誘導された。異名に違わず、ジョンソンは即座に猛然と日本機の編隊に突入、無防備なC-47を追いつめていたキ61に狙いをつけた。

　P-47操縦者として編隊にいた、P-38でのエース仲間ラルフ・ウェンドレイ大尉も、ジョンソン少佐にしたがって戦いに突入した。第9戦闘飛行隊の大部分の操縦者同様、かれも徹頭徹尾ライトニング贔屓だった。P-38が飛んでいると、いつでもP-47小隊の連中に注目を促し「あれこそが本当の飛行機だ」と、うやうやしく宣言するのである。ウェンドレイは12月10日までに5機の戦果をあげていたが、この日は、かれのP-47の機銃が撃てなくなったので、確実に落とせたはずの6機目を逃してしまった。数年後、ウェンドレイは、この日の戦闘を以下のように回想している。

上2葉●P-47D-3「ダーリン・ドティIII世」は、第341戦闘飛行隊の指揮官、ジョン・ムーア大尉の機体だった。よくよく見ると、両方とも1944年の初めに撮られたこの2枚の写真で、機体の塗装仕上げが少し異なっていることがわかるはずだ。上の写真では機体後半の塗装が剥がされているが、下の写真では、そんな箇所はない。1944年3月以降に登場した無塗装の機体へと移行する実験的な試みがなされているのではないかと推測できる。(W Hess)

「我々は4機は（編隊のまま）、地上を機銃掃射中の零戦の群をめがけて降下に入った。だが、わたしは我々を見過ごしているのか、頭上を旋回する14、15機の敵機からも目を離さなかった。突入して行くと、地上掃射中の敵機は散り散りになり、我々は群から離れた6機を狙うことにした。わたしが狙った1機は上昇しはじめたので、追跡しようとした。だが、わたしの機体は降下から引き起こせなくなっていた。昇降舵操作索が引っかかっているのだ。速度は640km/hを越えている。わたしにできたのは、ただちに機体を垂直に傾け、方向舵を一方に強く踏みトップラダー［方向舵で垂直旋回中の機首を水平に支える操作］にすることだけだった。(故障が直り)他の3機と一緒になると、下方を上昇中の零戦が見えた。敵機はせり上がって来ると、わたしの眼前60mで背面になった。照準のど真ん中だ。わたしは慌てて射撃ボタンを押し続けたが、何も起こらない。すべてのスイッチを調べたが、全部作動中だった。でも、撃てない。わたしの獲物は地上に降下して行く。わたしはスロットルを全開にして、敵機を追尾した。敵機のプロペラ後流を突き抜けるとき、機体が鋭く揺すぶられるのを感じた。敵は取り逃がしたし、もう下の飛行場に着陸した方がいいと思った」

［12月10日、68戦隊は三式戦を5機喪失（戦死3名、落下傘降下1名、不時着1名）。撃墜7機（内、不確実1機）を主張。第49戦闘航空群の損害はP-40胴体着陸1機、P-47不時着1機。9機撃墜を主張］

1944年1月に撮影されたことは、ほぼまちがいないジェリー・ジョンスン少佐のP-47D-4。操縦席の下、テープで囲まれたところには、もうすぐ、かれがこの戦争中に達成することのできる撃墜11機のマークが入れられることになる。(Krane Files)

　とはいえ、ウェンドレイは1944年3月13日の空襲の際、日本軍のウエワク要塞の近くで零戦撃墜1機を報じて、P-47での戦果を収めた［3月13日、ウエワクの第14飛行団は46機で邀撃。63戦隊一式戦2機喪失(戦死1名)。B-24撃墜4機(内、不確実2機)、P-40撃墜1機を主張。第49戦闘航空群のP-40が2機被弾。第90爆撃航空群のB-24は多数が被弾したものの全機帰還。5機撃墜を主張］。

　そのちょうど翌日、第9戦闘飛行隊でP-47を以て唯一戦果をあげていなかったエースが1機撃墜を果たした。ウォーレス・ジョーダン大尉はP-38H-1で、1943年8月2日までに1機を撃墜していたが、戦果の倍増は1944年3月14日にボラム上空で一式戦1機撃墜を報ずるまで達成できなかった［3月14日、33戦隊、77戦隊が一式戦各2機を喪失。その他未帰還2機。撃墜6機を主張。第35戦闘航空群のP-47と、第49戦闘航空群のP-40が日本機撃墜7機を主張。損害は未確認］。

　後に基地でジープの事故を起こし、頭に負傷して「ステッチ(縫い目)少佐」の異名を頂戴するジョーダンは年末までにP-38L型を使って、さらに4機の撃墜を報ずることになる。

　事実上、戦果のすべてをライトニングで達成したにもかかわらず「ウォーリー」・ジョーダンは、戦闘機と戦うならP-47の武装の方が優れていると見なしていた。またサンダーボルトは高空での運動性能も勝っていると主張。全般的に、かれはP-47は日本戦闘機との交戦向きで、一方、爆撃機に対してはP-38の方が効果的であると結論づけている。

　ウェンドレイとジョーダンがそれぞれP-47によって戦果を記録する数週間前、かれらの指揮官、ジョンスン少佐は1944年1月18日、第9戦闘飛行隊の15機によるウエワクに対する早朝の戦闘機掃討で、P-47による2機目の確実撃墜を報じた。これはかれの総撃墜数22機の11番目当たる戦果であった。以下に引用するジョンスンの戦闘報告書には、上方

1944年初期、ナザブかドボデュラで飛行記録に書類する小柄なジョンスン大尉(右)。(Ferguson)

から攻撃されていた僚機P-47への救援に赴いた戦闘に対する印象が記述されている。

「わたしは日本戦闘機（零戦）へと旋回、ウエワクへと降下するのを追跡。後方から長い連射を放った。45mまで接近、真後ろから発砲した。銃弾が当たった左翼の付け根、胴体と、尾部で閃光が数回瞬いた。敵機は左へ身をよじり、発煙しつつ、密林へと降下、明らかに操縦不能になっている。わたしは時速800km/hで降下しており、高度1500mで引き起こし始めた」[1月18日、一式戦4機喪失（戦死3名）。撃墜17機（内、不確実4機）を主張。第475戦闘航空群はP-38喪失3機（戦死3名）、ただし1機は友軍機が落とした落下増槽が当たって墜落。P-38は14機、P-47は1機撃墜を主張]。

サンダーボルトで2機落としたにもかかわらず、かれはどうあってもP-47よりもP-38の方が優れていると確信しており、両機種の優劣を決するニール・カービィによる模擬戦闘の挑戦を受け入れたといわれている。この対決の記録はまったく残されていないが、ジョンスンのP-38による格闘戦の腕前は、戦争の末期、かれがP-51Dを出し抜いた時に証明されている。かれは相手がどんな回避運動をしても、時にはP-38のエンジンをひとつ停めてまでして、食らいついて離れなかったのだ。

ニール・カービィの戦死
Death of Neel Kearby

1944年の最初の数カ月で、太平洋戦線の上位エースのうち誰かが、もはや伝説となっている米国のトップエースで、第一次大戦で26機を落としたエディー・リッケンバッカーの記録を破ることはほぼまちがいなく、皆がそれに挑んでいた。米海兵隊のエース、ジョー・フォス（詳細は本シリーズ第8巻『第二次大戦のワイルドキャットエース』を参照）は、1943年1月までにガダルカナルの戦闘で撃墜数を同数まで伸ばしていた。そして、グレゴリー・「パピー」・ボイントン少佐（詳細は『Osprey Aircraft of the Aces 8――Corsair Aces of World War 2』を参照）も、1944年1月3日、ラポポ沖[ラバウル]で撃墜されるまでに26機を落としたと信じられている。かれは捕虜として生き延びて帰国してから、撃墜された当日の戦果2機をさらに公認された[1月3日、日本側の損失は204空の零戦未帰還2機。米軍は6機撃墜を主張。詳細については『第二次大戦航空史話・下』秦郁彦著・中公文庫・1996年の「川戸対ボイントンの再対決」を参照]。

1944年1月の米陸軍航空隊のトップエースは、1943年11月5日、ラバウル掃討任務を終えるまでに21機の確実撃墜を記録したリチャード・ボング大尉だった。かれがニューブリテン島上空で22機目の戦果として三式戦を落としたのは、60日間の休暇後、一週間もたっていない1944年2月15日であった。ボングはいつも戦友であり、良き指導者でもあるトミー・リンチとともに飛んで

上2葉●P-47による唯一の撃墜戦果を記録する前に、操縦席内で、そして外に出たところを撮影された第9戦闘飛行隊のラルフ・ウェンドレイ中尉。P-38を偏愛するウェンドレイはサンダーボルトを本当に好きになったことはない。自分の機体を「リパブリックの出来損ない」と呼んだくらいである。だが、1944年3月13日、かれは単機で数機の日本戦闘機の上空に出てしまい、1機の確実撃墜を報じた。P-47の圧倒的な降下速度を利用して、零戦1機を仕留め、超低空でウエワクから逃げ帰ったのである。
(Krane Files)

いた。リンチ自身、2月10日までに17機を落としていた。

　ニール・カービィは1月末までに、戦果を21機にしていたが、ウエワク付近での空戦の機会は減少しつつあり、他の連中よりも先にリッケンバッカーの記録を凌駕するのが難しくなっており苛立ちを募らせていた。もうひとつ、かれの心を占めていたことは、ニューギニアの戦闘機部隊でのP-47の占有状態が、いつまでもは続かないだろうということであった。新型のP-38の生産数は、ようやく米陸軍航空隊の要望数に追いつきつつあり、カービィは第5航空軍のライトニングエースたちの、ロッキード戦闘機を得たいという悲願がいずれ叶うことを知っていた。実際、ケニー大将は上層部に対して、太平洋戦線への十分な数の供給を請願、この年頭からの実行が承認されていた。またそれ以前の問題として、たとえばパッカード・マーリンエンジン搭載のP-51は就役数が増え、それはP-47と大々的に交換できるほどの数に達していた。

　カービィは愛するサンダーボルトが南西太平洋戦線から引退してしまうのを防ぐ途は、ただひとつ、リッケンバッカーの記録を破ることだと思い詰めていた。そんな大手柄を立て、大衆的な人気を勝ち取れば、戦争が終わるまでP-47は安泰だろうと考えたのである。かれはまた、26年も前の米軍記録をうち破りたいという、個人的な功名心にも駆られていた。

　カービィと同列にある多くの戦闘機乗りたちは、いつリッケンバッカーの記録を凌駕してもおかしくない状況にあった。しかし、いまやかれの目標は、特別に敵地奥深くへと侵攻する作戦を作りだし、戦果を伸ばし続けていたディック・ボングとトミー・リンチへの挑戦となっていた。カービィは、そんな出撃がまたあれば、どちらかが一週間もしないうちに26機の記録を破ってしまうだろうと思っていた。

　1944年3月5日[3日?]の朝、ボングとリンチはタジ飛行場への攻撃でそれぞれ2機ずつの撃墜戦果をあげ、これによって前者の総戦果は24機、後者は19機となった[3月3日、日本側に損害の記録なし。3月5日、午後、このコンビはブーツ飛行場上空で着陸態勢にあった77戦隊の一式戦を襲い、リンチが1機撃墜を報じた。77戦隊では宮本伯雄大尉が戦死]。

　手強いライバルたちの戦果を聞いて、歴史的瞬間が間近に迫っていることを感じたカービィは、手早く戦果を増やさなくてはならないと思った。

　かれは急いでタジに対する戦闘機掃討を自前で計画し、ふたりの旧友「ディンギー」・ダンハムと、サム・ブレアを連れ出した。目標への近道をとるために、かれはウエワクの近くを通る沿岸沿いの、慣れ親しんだ哨戒航路を高度6600mで飛んだ。

1944年初頭、なじみ深い名前をつけたサンダーボルトの前でポーズをとるニール・カービィ。背後に見える星を模した車輪カバーに注目。第348戦闘航空群の上級将校たちは自分たちの機体の車輪カバーに思い思いの意匠を凝らした。たとえば、ローランド中佐は車輪に第5航空軍のマーク、「彗星に5」を入れていた。

ある出撃に向かって地上滑走する「ファイアリー・ジンジャーⅢ世」。カービィは、1944年のはじめにこの使い古したP-47を第58戦闘航空群に引き渡すまでに、少なくとも12機の撃墜戦果を報じていた。第58戦闘航空群の操縦者はこんな由緒正しい戦闘機で、ずっとお決まりの対地攻撃飛行ばかりしていて、妙な気分だったであろう。

すぐ、ダグア飛行場へと向かう三式戦が1機見えたが、カービィはいまから攻撃をかけても捕まえるまでに着陸してしまうだろうと推測し、見逃すことにした。5分もしないうちに洋上を高度150mで、ダグアに針路をとっている3機の爆撃機が現れ、かれの忍耐は報われたかに見えた。当時はG3M「九六陸攻」と識別されたが、実際には75戦隊のキ48「九九双軽」であったと思われる［連合軍は無線の傍受によって、この日、75戦隊の双軽がホランディア（現・インドネシア領イリアンジャン州の州都ジャヤプラ）からウエワクへ飛んだことを確認している］。

3人の米軍操縦者はただちに攻撃した。

まったくの奇襲であったこと、高度の利点があったことから、ダンハムと、ブレアは手早くそれぞれ自分の獲物を撃ち落とした。しかし、カービィは撃墜に確信がもてず、完全な円を描いてから、再度攻撃した。こんな機動を行うのは、かれ自身が定めた基本的な法則ふたつ、空戦中は高度と速度を失うべからず、に反することであった。

カービィの爆撃機に対する攻撃は手早く済んだにもかかわらず、確実を期するため高度と速度を完全に失い、巨大なサンダーボルトにとっては致命的な「低い、遅い」状態に陥っていた。上空から77戦隊の熟練操縦者が操る一式戦1機が素早くかれに襲いかかった。

下2葉●1944年1月の「ファイアリー・ジンジャーⅣ世」。1機は21個の撃墜マーク、もう1機は22個の撃墜マークをつけている。後者は給油中である。カービィは戦死した時、かれの専用機には乗っていなかったと考えられている。しかしP-47D-4の機体側面にあった419の製造番号は、同機のシリアルが42-22668であったことを明白に示している。もしカメラマンがもう少し右に寄せて撮影してくれていたら、尾翼のシリアル番号が確認できたのに！

危機に気づいたダンハム大尉が射程内に入り、遅すぎた一撃でカービィの後方から追い払われる前に、敵機はもがき回るP-47に十分接近し、致命的な12.7mm機関砲の射撃を大佐の操縦席に見舞った。その一式戦は「ディンギー」の9機目の撃墜戦果となった［3月5日、日本側は軽爆3機をアイタペ（タジの西方）付近で喪失（日本側記録では、P-38による奇襲とされているが、米軍のP-38部隊に該当の戦果報告はない）。連合軍は無線傍受によって同日の午後遅く、77戦隊の一式戦が1機、空戦後、ダグアに不時着したことを突き止め、同機がカービィ大佐機を落としたと推定している。飛行第77戦隊の戦闘詳報によれば、3月5日はブーツ東飛行場からウエワク上空に3回にわたって出撃。第2回の邀撃では一式戦1機喪失（宮本伯雄大尉・戦死）、中破3機の損害をこうむった。本部2機、第1中隊3機の一式戦が参加した3回目の出撃ではP-47と交戦。三苫浩一准尉と、青柳弘軍曹がそれぞれ撃墜1機を報じ、一式戦1機が大破している］。

思いもかけなかった日本戦闘機か

「ホイツ・ホス」は1944年3月に一式戦4機の撃墜を報じた第41戦闘飛行隊のエドワード・P・ホイト大尉の乗機であった。かれは1945年8月13日、第465戦闘飛行隊にP-47Nでふたたび実戦配備についたとき、5機目を撃墜することになる。

らの攻撃を排除して、ダンハムとブレアはすぐ、入念にカービィ機を捜索したが、間もなく燃料が乏しくなり帰還を余儀なくされた。サイドールに着陸したダンハムは親友を失ったことで取り乱し、すぐに別のサンダーボルトに乗って捜索のため、現場に引き返したがった。だが、仲間の操縦者たちが無理矢理、かれの離陸を制止した。

1946年の3月にオーストラリアの戦没者調査員が発見した遺体が第5航空軍のP-47随一のエースであると、戦没者調査団が認定した1948年まで、ニール・カービィは戦闘中の行方不明とされていた。かれの遺骸は愛する故郷テキサスに空輸され、1949年6月16日に埋葬された。

遺体が発見された直後、ニューギニア北部、マガヘン地域の住民に大がかりな聞き取り調査を行った結果、カービィ大佐は傷ついたP-47D-4（42-22668）から落下傘降下していたことがわかった。だが、一式戦の射撃で傷つけられていたかれは、密林の樹冠にかかった落下傘の下で死を迎えたのだ。

ニール・カービィが落とした日本軍爆撃機は、かれの22番目、そして最後の撃墜戦果となった。

ニューギニアでの最終戦果
Final Kills in New Guinea

1943年暮れ、ほとんどの部隊が装備をライトニングからP-47に改変しており、第35戦闘航空群も、ロッキード「双発」機と、どうしようもなく旧式になっていたベルP-39と、P-400［輸出仕様のP-39を米軍が使用したもの。プロペラ軸に37mm砲ではなく20mm砲を搭載していた］エアラコブラの代わりとして、1944年1月に最初のリパブリック戦闘機を受領した。航空群の3個飛行隊のうち、2個、第40、第41戦闘飛行隊は過去2年間、喰われやすいベル戦闘機で戦っていたが、もうひとつの部隊、第39戦闘飛行隊は1942年12月からP-38を配備されていた。

P-47到着後、第35戦闘航空群で、はじめてエースの地位を得たのは、ウィリアム・マクドナー少佐だった。かれは1943年2月、第40戦闘飛行隊のP-39K型で、確実2機、不確実1機の撃墜戦果をすでに記録していた。1943年の後半、航空群の本部に配置されたにもかかわらず、機会があり次第、かれは自分の古巣飛行隊に加わって作戦に参加しており、1944年2月15日、ウエワクの上空で一式戦、零戦各1機の撃墜を報じた。「マック」・マクドナー少佐は3月4日、ガサップの近くで三式戦1機撃墜を報じ、5機目の戦果としたのち、第V戦闘航空軍団の本部へと転属になった。1944年4月22日、帰国便を待ちながら、かれは飛行機事故で殉職した［2月15日、78戦隊ウエワクで操縦者1名戦死。3月4日、68戦隊マザブで操縦者2名戦死。第35戦闘航空群のP-47がウエワクと、ボガジンで各2機の日本戦闘機撃墜を主張。米軍損害は不明］。

第40、第41戦闘飛行隊のP-47によって、ほぼ30機もの日本機の撃墜が報

1944年春、P-47D-2の主翼でポーズをとるエド・ロディ大尉の機付長。ロディの最終戦果は1944年2月4日、ボラム飛行場のそばで撃墜を報じた百式重爆であった。第348戦闘航空群を離れた後、1945年にかれは第58戦闘航空群の指揮官となった。

第342戦闘飛行隊のボブ・サトクリフ中尉は、1944年5月27日、ビアク島付近で5機目の戦果である一式戦の撃墜を報じている。(Marshall Vickers)

じられた3月の11日から13日まで、ウエワク地区掃討作戦中、両飛行隊からそれぞれひとりのエースが誕生した［3月11日、第35戦闘航空群はウエワクで6機撃墜を主張。第348戦闘航空群も同地で14機撃墜を主張。米軍損害不明。63戦隊一式戦2機（戦死）、33戦隊一式戦1機喪失。12日、第35戦闘航空群と第49戦闘航空群のP-40はウエワク上空で18機撃墜を主張。P-47喪失1機（戦死）。日本側未帰還6機。P-47撃墜6機を主張。13日、第35戦闘航空群と第49戦闘航空群のP-40はウエワク上空で5機撃墜を主張。米軍損害不明。日本側未帰還2機。6機撃墜を主張］。

「マック」・マクドナー同様、ボブ・イェーガー大尉も、1943年に第40戦闘飛行隊のエアラコブラでうまくやっており、8月15日にはP-39N-5 42-19012号機で撃墜を記録して景気をつけていた。かれは3月11日に、ウエワクで三式戦2機、一式戦1機の撃墜を報じエースになった。2日後、フランシス・ダビッシャー大尉はウエワクに近く、ダグア飛行場の上空で、P-47D-11を以て、一式戦を撃墜した。1943年に、第41戦闘飛行隊のベル戦闘機に乗って2回の戦闘で4機の撃墜を報じていたが、5番目そして、最後の戦果をあげたのはその7カ月後となったのである。

3月11日と13日に、P-47で一式戦4機の撃墜を報じた飛行隊の戦友、エドワード・ホイト中尉にとって、7カ月はむしろ短期間と思えたに違いない、かれが5機目を落とすのは実に1945年の8月13日になってからだったのだ。そのとき、ホイトは伊江島にいた第507戦闘航空群の第465戦闘飛行隊へと転属になっており、P-47N型による一連の日本本土と朝鮮半島への爆撃機の超長距離護衛作戦に参加していた。ホイトの最終戦果、朝鮮半島沿岸で撃墜した一式陸攻は、連合軍全体にとっても今次大戦の最終撃墜戦果のひとつとして数えられる。

第35戦闘航空群のP-47「初心者」が成果をあげる一方、紛れもなくこの大型戦闘機に精通していた、サンダーボルト熟練者の第348戦闘航空群の操縦

1944年後半、北部ニューギニア上空を飛ぶ第39戦闘飛行隊のP-47Dの飛行小隊。10号機は普通、飛行隊指揮官として使われていたので、乗っているのは、未来の8機撃墜のエース、リロイ・グロスホイシ中尉にほぼまちがいない。

者たちも、この3月の戦闘で大戦果をあげつづけていた。3月11日、第340戦闘飛行隊のP-47D-11はウエワク上空の掃討戦で日本機撃墜14機を報じ、もっとも活躍した操縦者のひとりはマイロン・フナティオ中尉であった。かれは自身の大戦最後の戦果として零戦1機撃墜（おそらくは一式戦）を報じ、戦果をちょうど5機とした。この新人エースの戦闘報告書には、簡潔かつ控えめにこの作戦の決定的な瞬間が描かれている。

「……ぴったり後方にずっと喰らい付いた。敵機は発煙し始め、背面になり、ブーツ飛行場から2マイル[3.2km]ほど沖合の海中に墜落した」

飛行隊の戦友、マイケル・ダイコヴィツキー中尉もまた、このウエワク作戦で一式戦撃墜1機を報じ、自己戦果を3機にした。かれは、旋回し身をよじる敵機に対して60度以上もの角度から見越し射撃を行い、海へと撃ち落としたのである。ダイコヴィツキーは、12月11日と、22日にそれぞれ零戦1機の撃墜を報じて、とうとうエースになった。

3月11日、リチャード・フライシャー中尉は戦闘服務期間初期に報じた3機の撃墜戦果にそれを加え、ウエワク上空で、一式戦2機撃墜を報じた。キ43を

P-47D-2、42-27886「シルヴィア／ラシーヌ・ベル」は第342戦闘飛行隊のエース、マーヴィン・グラント中尉の乗機だった。機体にきちんと書き込まれた撃墜マークは、1944年6月中旬までに仕留めた7機を示している。この写真は1944年後半、フィリピン戦役中に撮影されたもの。

迎え撃ったこの飛行隊の残りの操縦者たち同様、かれも対進射撃を行い、敵機の操縦者が跳ね上がり死ぬのを見て、肝を冷やした。2機目の獲物は「素早く左に半横転し、カイリル島の西方の水中に墜落した」。

第342戦闘飛行隊の未来のエース、ボブ・サトクリフ中尉は3月19日、かれの4番目の撃墜戦果となる一式戦1機撃墜をウエワク上空で報じた。そして、かれはそのとき、戦果をあげて基地に帰って来ることのできる戦闘機乗りによく見られる、必須の抜け目なさを示し、以下のような所見を含む戦闘報告書を作成した。

「最初の1航過では回避機動はなかったが、2航過目のとき、3機はうまく仕組まれた機動を見事にやってのけた。敵の指揮官機は引き起こし、小さな宙返りを行い、僚機はそれぞれ左右に、きつい急上昇反転を行った。どうなるかわかっていたので、追躡を試みることさえしなかった。どれか1機を追いかけたら、残りの2機がわたしを完璧な十字砲火で捉えただろう。この機動は、ひどく誘惑的な罠である」

サトクリフの用心深さは、その8日後〔著者の誤り。正しくは5月27日〕、ビアク島の上陸地点警戒の際に、5機目の戦果を危なげなく得たことで報われた。かれは編隊とともに、1800mの高度から1500m下方にいた一式戦4機の群に向かって降下。サトクリフが撃墜したキ43の操縦者は、サンダーボルトを見たことがなかったらしく、対進攻撃を挑んできた。その結果、日本戦闘機はビアク島ボスネックから数マイル東の密林に墜落した〔3月19日、第348戦闘航空群はウエワク上空で一式戦撃墜1機を主張。損害なし。248戦隊の一式戦操縦者1名戦死。5月27日、第348戦闘航空群はビアク付近で一式戦4機、三式戦1機撃墜を主張。P-47喪失1機（戦死）。24戦隊一式戦操縦者戦死5名〕。

1944年2月に初出撃を果たした新着のサンダーボルト装備部隊、第58戦闘航空群、第311戦闘飛行隊は、4月11日、15機を以て、いまや気息奄々の日本軍基地、ウエワクに近いボラム飛行場へのB-25による低空襲撃を護衛した。P-47は高度3600mで上空掩護任務についていた。かれらはおそらく飛行第78戦隊に所属すると思われる三式戦数機の奇襲を受け、たちまち1機を失い、編隊は四分五裂となり、結局3機が未帰還となるという一方的な敗北を喫した〔日本側に該当の記録なし〕。

このように、新参部隊は痛手をこうむったものの、第348戦闘航空群は、6月3日から12日にかけて日本機18機撃墜を報じ、またも華麗な成功を収めた。第342戦闘飛行隊のマーヴィン・グラント中尉は、この間、2回の交戦で4機を落とし、自身の総戦果を7機にするという際だった戦果を報じた。かれの最初の成功は、4日、ボスネック付近で船団上空を哨戒中、一式戦の編隊に遭遇したときに訪れた。3機のキ43は横転から急降下に入ったが、グラントは60度の見越し射撃で、4機目の敵機を捉え、発火させた。

一式戦を1機撃墜し、グラントは即

1944年の6月から12月までのある日、自分のP-47D-21の上でポーズをとる第342戦闘飛行隊のロバート・ナップ中尉。

33

座に、真っ直ぐ立ち向かってくる最初の獲物の僚機に注意を向けた。かろうじて、狙いを定め、急速に接近してくる一式戦が身をかわす前に、P-47乗りは素早い一連射を見舞った。グラントが冷静に狙った銃弾はど真ん中に命中し、2機目は海に墜落した。ふたりの戦友を屠られ、激怒した残り数機の一式戦は、グラントの大型戦闘機の後方に食らいつき、かれが振り払い、4機目、5機目の撃墜戦果をあげたことを報告して、帰還につくまで、5分間ほども追ってきた。グラントが書いた報告書によれば、この日の戦果は零戦であるということになっている［6月4日、海軍第3空襲部隊は零戦19機、一式戦12機、彗星6機でビアク島東方の艦隊を攻撃。日本側損害は不明。第348戦闘航空群のP-47はビアク島付近で九七艦攻1機、零戦3機撃墜を主張。損害なし］。

　8日後、第342戦闘飛行隊では、ビアク島沖の船団掩護作戦で複数機を撃墜したマーヴィン・グラントと、エドワード・ポペク大尉が、ふたり揃ってエースの称号を得た。P-47Dの2個編隊は、帝国海軍の雷撃機、B5N、九七艦攻5機を迎え撃ち、たやすく全機を片づけた。ポペクは3機撃墜を報じ、1943年以来の戦果2機にそれを加えた。一方、第2編隊を率いていたグラントは残った九七艦攻2機をいただいた。敵機は5機とも、サンダーボルトの最初の一連射で猛火に包まれたという［海軍第3空襲部隊の彗星艦爆との誤認と思われる。日本側損害は不明］。

バリクパパン
Balikpapan

　1944年の中頃までに、ニューギニアにいる日本の大部隊の補給線を遮断するという、連合軍の綿密に計画された作戦が効力を発揮し始めた。ここには、作戦可能な陸海軍機はほとんど残っておらず、もはや戦闘による損害が日本からの補充機材で補われることもなかった。戦う敵もなく、ニューギニアを基地とする第5航空軍のサンダーボルトは、その数を減らしつつあった。かれらは激戦が交わされている北岸を確保していたが、遠方にある包囲された抵抗拠点への攻撃は最近到着し、一度の作戦で掩護と急降下爆撃の両方をこなせるP-38J型に割り当てられていた。

　しかし、ニューギニア最後の標的にはP-38と、P-47の両方のすべてが必要だった。戦争の初期に奪われた蘭印には、ボルネオ島のバリクパパンの巨大精油所など、日本を益する石油資源があった。事実、日本の戦争機構はそのすべてが、この石油の天然資源によって支えられていたのだ。その重要性にもかかわらず、同地が米陸軍航空隊と、英空軍の基地からあまりにも遠かったため、攻撃は散発的に行われていただけであった。だが、ニューギニアの日本軍を封じ込め、同地の北西部を得たことによって新たな戦略が開け、いまや油田に対する、護衛戦闘機を伴った大規模な連続空襲が可能となった。

この第342戦闘飛行隊のP-47D-21は、7機撃墜のエース、エド・ポペク大尉の乗機である。かれの両脇に居るのは忠実な機付兵リンデン・キップス(左)と、R・H・フランツェン(右)。

第340戦闘飛行隊のマイク・ダイコヴィツキー中尉が使っていたこのP-47D-23 42-27899は、かれに「ジョシー／クリーヴランド・クレヴァー」と名付けられ、1944年12月にダイコヴィツキーの5機撃墜のうち最後の2機を撃墜した。

1944年10月10日、最近奪取されたばかりのヌンホル島から、第35戦闘航空群のP-47D-28と、第49戦闘航空群のP-38Lに護衛された第5および、第13航空軍のB-24(詳細は「Osprey Combat Aircraft 11──B-24 Liberator Units of the Pacific War」を参照)が、バリクパパンに対する最初の大規模空襲を敢行した。

もともとエアラコブラ乗りだった第40戦闘飛行隊のウィリアム・「ワイルド・ビル」・ストランド中尉は、ボルネオ上空で、一式戦3機の撃墜を報じて、この日の「立て役者」となった〔10月10日、邀撃したのはすべて日本海軍機。381空と、331空の零戦と雷電、月光が、バリクパパン空襲のB-24と、護衛のP-38、P-47と交戦。零戦12ないし、13機を喪失。米軍はB-24喪失4機、P-47喪失1機(戦死)〕。

48時間後、バリクパパンへの2回目の作戦時、ストランドは精油施設の直上で、さらに一式戦撃墜2機を報じ、これによってかれの総戦果は確実撃墜6機、不確実1機、撃破1機となった。戦果はすべて一式戦に対するもので、1機撃墜、1機不確実は1943年11月にP-39Qを以て達成したものであった。

1943年末以来、初めての戦果をあげたもうひとりのもとエアコブラ乗り、アルヴァロ・ハンター大尉が、ニューギニア北東で一式戦2機撃墜を報じたのは、ほぼ一年も前だった。かれは10月14日、今回はバリクパパンの上空で、ふたたび一式戦2機撃墜を報じた〔10月14日、交戦したのは381空の雷電と零戦、および331空の零戦。損害は未確認〕。

そして、11月24日、ハンターは第40戦闘飛行隊の指揮官として、フィリピン戦初期の戦闘機掃討作戦に参加、一式戦1機撃墜を報じ、とうとうエースの地位を得た。

14日、古参操縦者のすべてが成功を収めたわけではないが、未来の6機撃墜のエース、第41戦闘飛行隊のジェイムズ・マゲイヴェロ中尉は、バリクパパン地区の飛行場マンガーの上空で一式戦2機撃墜という、かれの初戦果を報

じた。

　ヌンホル島を占拠したにもかかわらず、バリクパパンは米陸軍航空隊の戦闘機にとってまだ遠すぎ、P-38も、P-47も落下増槽と、機内燃料槽に入る燃料の最後の一滴まで使い尽くしていた。これらの空襲で、操縦者たちは何度も、米国でもっとも偉大な長距離飛行家、チャールズ・リンドバーグからの助言を受けた。かれが1944年の夏、同戦域で数カ月を費やし、さまざまな航空群で操縦者たちにもっとも燃料消費の少ない巡航飛行の仕方を指導、各戦闘機の航続距離が何マイルも伸延した結果、バリクパパン作戦が可能になったのである。

1944年後半、第348戦闘飛行隊本部のP-47D-23から降りるビル・バンクス少佐。この9機撃墜のエースは真の平等主義者で、彼自身以外誰にも機付長は降等させないと約束し、さらに軍曹に向かっていってぶん殴った。かれらふたりはバンクスが亡くなる1983年まで良き友人であった。

　リンドバーグのやり方は、混合気を非常に薄くして、スロットル操作をひどく几帳面に行うというものであり、南西太平洋で求められていた航続距離を戦闘機に与えはしたものの、保守整備が難しくなり、地上勤務者をおおいに悩ませる結果となった。薄すぎる混合気で何時間もエンジンを回すと、キャブレターと燃料噴射システムを痛めることになるのである。

フィリピンでの戦闘
The Philippines

　ダグラス・マッカーサー大将が長年願っていたフィリピンへの帰還は1944年10月20日、米軍がレイテ島に上陸したときに実現した。数日後、第5航空軍の戦闘機が、その島のタクロバン飛行場に進出し、その地域での存在を不動のものとした。

　P-47エースによる最初の戦果は、11月1日にジェイムズ・マゲイヴェロ中尉が、セブ島の近くで撃墜を報じた九七艦攻であった。これによって、かれの撃墜総数は3機になった。かれは4日を経ずして、ネグロス島の沖で邀撃に上がってきた三式戦1機の撃墜を報じ、4機目の戦果を記録した［11月5日、ネグロスで200戦隊が四式戦1機喪失］。

　第348戦闘航空群も早くにタクロバンへと進出した。同航空群はいまや、1944年7月に加わった第460戦闘飛行隊を含む、少なくとも4個飛行隊を保有していた。もとは第342戦闘飛行隊にいたサンダーボルトの古参操縦者「ディンギー」・ダンハム大尉はその新しい飛行隊の指揮官に任命され、隊を率いてフィリピン戦に参加するまでには、少佐に進級していた。ダンハムは、11月18日に零戦三二型の撃墜1機を報じ、タクロバン基地から出撃し撃墜戦果をあげた第348戦闘航空群で最初にエースとなるという、その名に恥じぬ活躍をした。

　「7時40分、オルモック湾の南方を高度3000mで飛行中、我々は2機の敵機に攻撃された。敵は零戦三二型1機と、一式戦1機であった。敵機は西方、高度約3100mから降下。我々は旋回して、対進攻撃態勢に入ったが、敵機は2機に別れ、西方のセブ島へと針路をとった。そこで上昇追跡に入る。わたしは零戦三二型の後方30mまで迫り、発砲、胴体と主翼に多数が命中した。敵機

は真っ直ぐ降下、カモテ島西方の水中に墜落した」

「ディンギー」・ダンハムが真っ新の第460戦闘飛行隊で、仕事を始めたとき、第348戦闘航空群の3個飛行隊から選抜されたわずかな数の熟練操縦者のおかげで、いくらかは楽になった。第341戦闘飛行隊で1943年8月以来戦い、4カ月後の1943年12月1日に、三式戦撃墜1機を報じているジョージ・デラ中尉はそんな風に引き抜かれた連中のひとりだった。

ダンハムがセブ島の近くで零戦三二型1機を落とし、この戦役における部隊初の戦果をあげてから24時間後、この指揮官のもとで、デラは自己戦果を2倍にした。5日後、デラはJ2M「雷電」1機を仕留め、2機目の獲物を求めていた。

「わたしは、セブに向かう、残った1機の雷電一一型[ママ]への追跡に加わった。そこには数機のP-47と、P-38も加わっていたが、両機種とも雷電一一型に攻撃できるほど近づけず、わたしは燃料が乏しくなってきた……。敵機の搭乗員は攻撃的ではあったが、戦いを挑んでは来なかった」

真珠湾攻撃3周年にあたる日、レイテ島オルモック湾に上陸した連合軍を撃退するためにやって来た日本機の大群との戦いは、フィリピンでの航空戦のなかでも見事な成果をあげたもののひとつであった。第5航空軍は強力に反撃、戦果は50機以上を数え、うち12機は、11月16日、レイテに到着したばかりの第348戦闘航空群のP-47の戦果として公認された。

「ディンギー」・ダンハムは、第460戦闘飛行隊のP-47 10機を率いて行った午後、カモテ海のセブ島を囲む、サン・シロドロ湾上空の戦闘機掃討で4機撃墜を報じ、この日もっとも活躍したP-47乗りとなった。この掃討戦で、米軍戦闘機乗りは、15機からなる零戦三二型の編隊に突入、最初の攻撃航過でダンハムはA6Mのうち1機をひどく傷つけ、敵機の搭乗員は脱出した。ついで、かれは、敵機が散り散りになる前に、2番目の零戦を発火、海上に墜落させた。

かれは飛行隊を集合させ、さらに15分間、哨戒をつづけ、少佐は一式戦の編隊を発見、部下を率いて日本の陸軍機に戦いを挑んだ。ダンハムはふたたび、手早く2機を葬り、この古強者は、1943年12月21日、3機の九九艦爆を落

また飛行隊の番号も入れていない、第35戦闘飛行隊の水滴型風防を持つP-47D。ロッキードP-38用の落下タンクが、P-47にもぴったりなのがわかる。

第41戦闘飛行隊のP-47D-28「ピッター・パット」でポーズをとるジム・マゲイヴェロ中尉。かれは1944年10月から11月にかけてこのサンダーボルトで、4機撃墜の戦果を報じ、最後の2機は1945年1月31日、台湾南部への進攻の際に記録した。

として作った自己の一出撃3機の記録を凌駕した。いまや、かれの総戦果は14機になった［12月7日、セブ島沖で、200戦隊四式戦3機喪失、独飛24中隊一式戦喪失1機、18戦隊三式戦喪失1機。日本海軍機の損害は不明。第348戦闘航空群のP-47と、第475戦闘航空群のP-38は双発機4機、単発機36機撃墜を主張］。

12月7日、第341戦闘飛行隊でも、古参のウィリアム・ファウルズ大尉が、カランガマン島上空で、キ46百式司偵1機撃墜を報じ、同隊のフィリピンにおける初戦果を記録した［12月7日、38戦隊、15戦隊から各1機の百式司偵が出撃、両機とも未帰還になった］。これは、1943年12月27日に零戦1機を落として以来、かれの戦闘服務期間における2機目の戦果であった。1944年のクリスマスまでに、ファウルズの戦果は6機まで増加した。

ちょうど一週間後、第5航空軍のP-47部隊はまた華々しい日を迎えた。第35戦闘航空群と、第348戦闘航空群のサンダーボルトは21機の日本機のうち、少なくとも20機の撃墜を報じたのである。ビル・ダンハムはふたたび戦闘の渦中に入り、早朝の掃討でネグロス島地区で、2機の九七重爆（あるいは百式重爆）を捕捉した。奇襲を受けた脆弱な双発爆撃機に対して「ディンギー」はすぐ1機のキ21を撃ち落とし、存命する航空群きってのエースであることを証明し、15機目、そしてP-47による最後の戦果を記録した［12月14日、第5飛行

1944年12月中旬、フィリピンで撮影された派手な装いの「ディンギー」・ダンハム少佐のP-47D-23「ボニー」42-27884は、サンダーボルトによるかれの撃墜15機のマークを入れている。本機が第460戦闘飛行隊で一番派手な機体なのかどうかはわからないが、指揮官にふさわしい機体であるとはいえるだろう。

団9機による「菊水隊」の百式重爆と思われる。菊水隊は全機未帰還]。

その朝遅く、姉妹飛行隊の指揮官、ミード・ブラウン大尉は、またネグロス島付近へと第340戦闘飛行隊の小隊を率いて行き、単機の三式戦と遭遇、やがて撃墜5機に達することになる、かれの4機目の戦果となった。1942年11月に飛行隊に配属になって以来、ブラウンは1943年12月に撃墜3機と、不確実1機の戦果を報じた。しかし、エースになるためには丸1年に3日足りぬあいだ待たねばならなかった。かれは後に、第35戦闘航空群、第40戦闘飛行隊でP-51に乗り、1950年8月24日に朝鮮半島で戦闘飛行中に命を落とした。

ダンハム少佐は1945年はじめに戦闘服務を終えるまでに為した、第348戦闘航空群への貢献にご満悦のようである。

さて、太平洋で戦っていた第35戦闘航空群、第40戦闘飛行隊に話を戻そう、戦闘航空群で旭日の勢いを得ていたのは、1944年11月24日に初撃墜を報じ、12月14日、ネグロス島の南方でさらに2機を落としたエリス・ベイカー中尉だった。

「わたしは『フリスコ・レッド小隊』の2番機を務めていた。敵爆撃機の1番編隊(百式重爆)が9時方向、ソレダッドのやや南に見えてきたのは9時40分であった。我々は即座に攻撃した。編隊長は敵の1番編隊にかかり、『フリスコ・レッド小隊』の小隊長は2番編隊にかかり、45度の角度から長い連射を放った。射弾はエンジンと、胴体、主翼の付け根に命中していった。その敵機は墜落し、炎に包まれた。わたしは内側の爆撃機を攻撃、真後ろから長い連射を見舞った。その爆撃機は墜落し、炎を噴出した。次いで機体を左に引き起こし、右に大きく回った。機体を水平にすると、わたしは別の爆撃機の左側に位置していた。わたしは後ろから撃つために、爆撃機の後方に滑り込んだ。爆撃機はうまい具合に右に旋回した。爆撃機が旋回から水平になると、ちょうど真後ろから撃てる位置に来ていた。数回長い連射を放つと、尾部銃座と、両エンジン、そして機体の一部に当たるのが見えた。爆撃機は発煙し、急角度で落ち始め、その直後、空中で爆発、破片が頭上を飛び、わたしの機体をいくらか傷つけた」

クリスマス・イブにマニラ近郊のクラーク・フィールドへ向かう爆撃機の護衛作戦が、たぶん第二次大戦における第348戦闘航空群最後の栄光の日であった。目標上空に達するや、P-47の操縦者は意気盛んな日本の邀撃戦闘機との交戦にかかり、ちょうど3機を失ったものの、30機以上もの撃墜を報じた[12月24日、クラークでは四式戦操縦者が5名戦死。海軍機の損害は不明]。

第341戦闘飛行隊のビル・ファウルズは、かつての米軍基地上空で活気ある空戦を演じ、一式戦3機撃墜と、1機の不確実撃墜を報じ、この日の立て役者であることを示した。この戦いは、15機の一式戦が目標に接近中の米軍編隊の西方上空に現れた直後にはじまった。ファウルズは、たまたまこの作戦では、第341戦闘飛行隊の小隊長を務めており、一式戦を発見するとすぐに、

落下増槽の投棄を命じ、上昇、交戦に入った。

　数分のうちに、ファウルズは30度の見越し射撃を行って一式戦1機撃墜を報じ、次いで、もう1機の一式戦に対進攻撃をかけた。敵機はP-47D-23からの射撃をエンジンと胴体にまともに浴び、燃えながら地面に落ちる前に文字通りばらばらになった。ファウルズは3番目の一式戦の後方に入り、また撃ったが、墜落を見届けることはできず、不確実撃墜となった。4機目の一式戦を落とすのにちょうど間に合うくらいの弾薬を残していたかれは、最後に対進攻撃をかけ、中島製戦闘機は避けがたい墜落の運命を辿った。

　さらに3機のP-47エースは、この日、それぞれが2機ずつの戦果を記録した。以前第342戦闘飛行隊の指揮官を務め、いまや第348戦闘航空群の本部要員となっていたビル・バンクス少佐は零戦2機の撃墜、さらに3機目の不確実撃墜を報じた。これで、遙か以前、1943年12月20日にエースの地位を得ていたかれの総戦果は9機となった。一方、ジョージ・デラ中尉は零戦2機撃墜を報じ、自己戦果を5機にして、第460戦闘飛行隊としては第2の、そして最後のエースとなった。第342戦闘飛行隊の古参、ジョージ・デイヴィス中尉は、クラークフィールドの近くで零戦2機を落とし、7機目、そしてかれの第二次大戦における最後の戦果を報じた。

　デイヴィスは、テキサス西部ラボック生まれの積極的な飛行機乗りで、かれの戦闘報告書には、自分の部隊とP-47に対する誇りがにじみ出ている。かれはまず、まったくの真横からの見越し射撃、三連射で零戦1機を仕留め、爆撃機の掩護位置に戻ると、上方に別の零戦1機が見えた。

「……敵機が爆撃機に攻撃航過をかける前に、わたしは真後ろに入り、射程180mから無修正で発砲した。破片がいくつか飛び散り、炎を噴出、錐揉みで落ち始めた。わたしの3番機が同機の墜落を目撃した。我々はまた爆撃機掩護位置に帰り、燃料の限界が来て帰還を余儀なくされるまでそこに留まった。少なくともB-24のそばを離れるまで、10ないし15発の空対空爆弾［海軍の三号爆弾、または陸軍のタ弾と思われる］は投下されたものの、1機の敵も射程内には近寄らせなかったはずだ」

　7年後、朝鮮戦争のさなか、F-86Eを装備した第4戦闘航空群の第334戦闘飛行隊の指揮官を務めていたジョージ・デイヴィス少佐は、ミグ15に対する鴨緑江上空での空戦で戦死したが、それ以前にミグ戦闘機14機撃墜を報じており、死後、議会名誉勲章の叙勲を受けた（詳細は「Osprey Aircraft of the Aces 4――Korean War Aces」を参照）。

▍P-47による最終戦果
Final P-47 Victories

　1945年初期、第348と、第35戦闘航空群はP-51Dへの機種転換にかかった。そして、3月の末、第348戦闘航空群はノースアメリカン社の戦闘機での初作戦を行った。第35戦闘航空群の初作戦は、その数週間後だった。第5航空軍でP-47を装備している部隊は地上攻撃に専念している第58戦闘航空群だけとなった。同航空群は終戦までサンダーボルトで戦った。

　初春に愛するリパブリック戦闘機を奪われつつあったにもかかわらず、数名のエースを含む第348、第35戦闘航空群の操縦者は、1945年の最初の3カ月の間にいくらかの撃墜戦果を記録した。

　そんな中のひとり、リロイ・グロスホイシ大尉は1944年のあいだ第39戦闘

飛行隊で進級、その年の11月には同隊の指揮官に昇進した。指揮官になってすぐ、11月21日にネグロス島上空を単機で飛んでいたキ46「百式司偵」を落とし、かれは初戦果を報じた。

　1945年1月、この時期、P-47の航空群の戦果は限られたものだったが、リロイ・グロスホイシ大尉は、そのなかでもまったく有利で一方的な戦闘を行った。30日、かれは台湾侵攻で、機種不明の複葉機の撃墜2機を報じ、その11日後、さらに2機の複葉練習機を撃墜、そこからの帰途に百式司偵1機を撃ち落とした。

　新たに誕生したエースは、戦果を増やし続け、2月25日、P-47による最後の戦果である3機目の百式司偵撃墜を報じた。この戦果の変わっているところは、敵機が墜落したのが日没後の海で、これによって、かれはP-47による唯一の夜間撃墜記録保持者となった。4機のP-47からなる小隊を率いて台湾上空で戦闘機掃討に当たっていたかれは、竹南地区で、2機のキ46を発見した。グロスホイシは10度の見越し角度から数連射を見舞い、敵機は右発動機から炎の尾を曳いて、雲中に入った。

　僚機とともにすぐ後方についたまま、グロスホイシは獲物を追って雲に入り、また青空に出た。敵機のエンジンはまだ燃えており、小さな破片を散らしていた。次いで放たれたP-47の射撃で、左発動機も発火、かれらが見守るなかで、敵操縦者は脱出した。とうとう、その機体は炎に包まれ、18時15分頃、すでに闇に落ちた眼下の海上へ墜落した。

　リロイ・グロスホイシの最終戦果は8月12日、P-51Dによる、よりふさわしい相手、キ84四式戦1機に対するものであった。これによって、最終戦果は8機になった。

　1月30日に話を戻せば、前述した第35戦闘航空群、第40戦闘飛行隊のエリス・ベイカー中尉が、9機による台湾掃討任務中、撃墜1機を報じた。岡山〔原書に「Okayama」とあるが、台湾南部の岡山(カンサン)のことであろう〕上空で2000mほど下方を飛ぶ単機飛行中の零戦を発見したとき、かれはP-47D-28で「フリスコ・レッド小隊」の最後尾を飛んでいた。機を逸せず、かれは予期せぬまま飛んでいる相手の70m以内に迫り、敵機が爆発するまで数秒間、正確な射撃を加えた。これがかれの4番目、そしてP-47Dによる最後の戦果だった。

　その午後、第41戦闘飛行隊もまた台湾への戦闘機掃討を実施、飛行隊の操縦者は撃墜3機を報じた。うち2機、零戦三二型と、一式戦は、ジェイムズ・マゲイヴェロ中尉によるもので、かれの最終戦果を6機にした。その後、P-47の戦闘参加がすぐに途切れてしまったため、この2機撃墜を報じた24歳のマゲイヴェロが第5航空軍に誕生した最後のサンダーボルトエースとなった。

chapter 4

フィリピンのP-51戦闘機
P-51 in the philippines

　1945年3月から4月にかけて、第5航空軍におけるP-47の戦闘機としての使用が終焉を迎え、以後終戦までは、より進歩した戦闘機、P-51マスタングによる作戦に切り替えられた。この新型戦闘機が大規模に使用され始めるのは、第348戦闘航空群と、第35戦闘航空群が前線での作戦準備を整えた4月に入ってからであった。もはや日本機に対してこの新型戦闘機の威力を示し、操縦者が手柄を立てる機会は少なくなっていたが、そのわずかな交戦においてさえ、P-51Dは、欧州戦線で顕わした評判をさらに高めたのである。
　マスタングは、たったの数週間で、まずはフィリピン戦線でサンダーボルトよりも高い汎用性を示した。より大規模な戦闘航空群での機種改変作業に先だって、特殊任務を行う第71戦術偵察航空群と、さらに特殊な任務を課せられた第82戦術偵察飛行隊が、1944年11月にニューギニア沖のビアク島から、レイテに移動するに当たって、写真偵察機にされていた脆弱なP-39N-2を、カメラを装備した少数のマスタングF-6Dに換えていた。
　いまや、どんな重要な写真偵察に向かうときも、終わって帰るときも、戦闘を交えられるようになった。F-6Dの操縦者は、1機または2機編隊で、日本軍占領地域奥深くへと飛ぶ、何度かの連続作戦の実施を経て、新型機の性能に非常な満足を覚えた。それは、第5航空軍のマスタングが敵機と交戦し、撃墜戦果を記録する遥か以前のことであった。
　1943年後期から終戦までに南西太平洋で戦っていたにもかかわらず、第82戦術偵察航空群が偵察作戦中に記録した撃墜戦果はちょうど18機に過ぎなかった。しかし、部隊のトップエースは少なくとも8機の撃墜を公認されており、この戦果は24時間を隔てた2回の出撃で達成されたものであった。この信じられないような偉業を達成した男には議会名誉勲章が授けられた。
　ペンシルベニア出身のウィリアム・ショモ大尉が、第71戦術偵察航空群の第82戦術偵察飛行隊に配属されたのは、部隊がニューギニアに到着した数週間後の1943年11月で

下2葉●両写真とも、ウィリアム・ショモ大尉が1945年1月11日に6機の三式戦と、1機の一式陸攻を落とした際に乗っていたものである。下の写真が撮られたとき、第82戦術偵察飛行隊は尾翼の先端を黄色に塗るようになっていた。(Krane files)

有名となった出撃の後、ショモ大尉の「スヌーク5番」の前でポーズする、よく日焼けした機付長、ラルフ・ウィンクル。(Krane)

あった。
　P-39Nと、P-40Nで多くの作戦飛行をこなし、1944年9月に大尉に進級、クリスマス・イブには第82戦術偵察飛行隊の指揮官に昇進した。第82戦術偵察飛行隊長を2週間余り務めた後の1月10日朝、かれはルソン島、ツゲガラオ飛行場に対する威力偵察を指揮し、飛行場の上空を単機で旋回中の九九艦爆を発見した。かれは素早くF-6D-10で鈍重な愛知機の後方に回り込み、この戦域におけるマスタングの初戦果を記録した。
　その翌日、ショモ大尉はF-6D-15 4-14841号機で、F-6D-15 44-14873号機のポール・リプスコム中尉を率いて、また空中で敵機に遭遇できないものかと期待しつつ、ふたたび同地区のアパリとラワグ飛行場に対する武装写真偵察を実施した。かれの希望は、思ってもみなかったほどの大盤振る舞いで満たされることになる……。
　ルソン島の北岸に沿って巡航していると、2機のマスタングの操縦者は11機のキ61と、1機のキ44の編隊に厳重に護衛され600mほど上空を飛ぶ1機の一式陸攻に出会った。F-6Dの優れた上昇力を利用して、ショモはただちに主導権を握り、護衛戦闘機の群に頭から突入、奇襲した。三式戦が散開してしまう前に、2機を撃墜、米軍操縦者2名は、敵機のうち数機が接近して行くマスタングを歓迎するために、翼さえ振っているのを目撃した！　日本軍の操縦者は液冷エンジンのF-6Dを、一式陸攻護衛の加勢に来た三式戦と

下2葉●ウィリアム・ショモはかれの戦果のすべてをF-6D-10 44-14841を使って報じたにもかかわらず、名誉勲章受章機として残っている写真は「フライング・アンダーテイカー」と名付けられたP-51D-20 44-72505ばかりである。ショモが、大手柄を報道するのにふさわしい機体として飾り立てられた同機を手に入れたのは、例の特筆すべき戦闘の後であった。

この報道用写真は、ショモが見つめるなか、「スヌーク5番」に8個の撃墜マークを書き込んでいるところ。

誤認したに違いない。南西太平洋の戦場で、日本陸軍の戦闘機と、マスタングが遭遇するのは、これが最初であった。

　最初の強力な攻撃航過を終え、また編隊に戻ったショモは3機目のキ61を仕留めた。生き残った日本の操縦者たちは、かれらの隊列をずたずたにした2機のF-6Dに対して、組織的な反撃を試みるどころではなく、混乱するばかりだった。大混戦のなかで、一式陸攻が近くの日本軍飛行場に向かって降下しているのに気づいたショモは、爆撃機の下方から一連射を見舞い、爆発、墜落させた。

　すでに4機の撃墜を報じ、もはやエースになったにもかかわらず、かれは「戦闘機乗り」としての戦いに熱中していた。さらに敵機を探していると、見落としていた1機のキ44に攻撃されたが、飛行技術の限りを尽くして、狙い澄ました見越し射撃を回避すると、敵機は賢明にも降下しうまく遁走していった。敵機がすれすれを通り抜けて行ったことで奮起したショモは、さらに3機の三式戦を追跡し、最前の戦果にまた撃墜を加えた。かれの僚機、ポール・リプスコム中尉もまた交戦のあいだ大活躍し、三式戦3機撃墜を報じた。キ61は全機が撃墜されるか、恐慌状態で逃げ去り、2機の戦術偵察機は、その地域を旋回しつつ、眼下の密林で燃えくすぶる残骸の写真を撮影した［1月11日、この空戦に関する日本側記録は未確認］。

ポール・「リッピー」・リプスコム中尉は1月11日の出撃の際、ショモー機の僚機だった。F-6D-15 44-14873で飛んでいたかれはもともと5機撃墜を主張していたが、後に撃墜数は3機に減らされてしまった。計3機がかれの最終戦果となった。

　この戦いの3日後、少佐に進級したウィリアム・ショモは、この一方的な戦いに対して議会名誉勲章の叙勲を受けた。いまや、この空域で敵機と遭遇するのは希になっていたため、戦争末期のフィリピンで、一回の空戦を以てエースとなったマスタング乗りは他に出現しなかった。

　1945年の第5航空軍の気分を代表して、ケニー大将は1月11日の交戦の直後、ポール・リプスコムの民

間での職業はカウボーイ、そしてウィ
リアム・ショモは「エンバーマー」
[公認遺体衛生保全師]であったこと
を知れば、日本軍の士気はもっと低
下するだろうという冗談を口にした。

■ P-51に乗ったP-47エースたち
P-51s for P-47 Aces

　太平洋での戦争はその最高潮を
過ぎており、空で日本機を見かける
ことは、むしろ例外的な出来事となっ
ていた。連合軍の圧倒的な制空権
下、ルソン島にまとまった数が到着し
ていたP-51Dへの挑戦を試みる陸海
軍戦闘機はほとんどいなかった。時折、単機で偵察にやってきた敵機に遭遇
することがあるだけで、大規模な空戦の勃発は、もはや過去の出来事となっ
ていた。
　第348、そして第5［第35？］戦闘航空群のように、長い伝統を誇る部隊と
ともに、第3特任航空群（Air Commando Group；ACG）の第3、第4特任飛
行隊（Air Commando Squadron；ACS）など新編成の部隊も活用された。高
い機動を発揮できるよう訓練され、C-47輸送機や、L-5観測機などを配備さ
れた地上支援部隊とともに作戦する第3特任航空群のような部隊は、1944
年3月から5月にかけて3つ編成され、太平洋と中国・ビルマ・インド戦域で戦
闘に参加した［第1と、第2は、ビルマ戦線に投入された］。
　太平洋で戦ったのは第3特任航空群のみで、フィリピンに到着する前に
「戦闘飛行隊（戦闘）」［Fighter Sguadrons (Combat)］に改称された麾下の2
個戦闘機部隊は1944年12月、まずレイテに基地を置き、1945年1月後半、
戦闘地域に近いルソン島のマンガルダンに移動した。
　第3特任航空群の撃墜戦果は、この戦いの末期、空戦の機会をほとんど
得られなかったマスタング乗りの状況を正確に反映しており、両飛行隊と、
航空群本部小隊を併せても、対日戦争終結までに報ぜられた戦果は、撃墜
16機と撃破4機のみであった。これらの戦果の最初の1機を報じたのは、第

7機撃墜の日、「スヌーカー5番」の操縦席に収まるウィリアム・ショモ大尉……。

……そして、数週間後、ピンマリーで「フライング・アンダーテイカー」に乗ってシートベルトを締める。操縦席の後ろ、明るい色で縁どりされた黒い部隊マーキングの帯の中間は黄色とされていたが、いまや一般的に、黒い帯の間の部分は塗り残された機体色と信じられている。

右後方から見た「フライング・アンダーテイカー」。
1945年早春、ピンマリーで撮影。

3戦闘飛行隊(戦闘)の指揮官で、第8航空軍のエースであったウォーカー・「バド」・マヒューリン少佐であった。1944年3月27日にフランスで撃墜されるまでに19.75機の撃墜を報じ、欧州戦線随一のP-47エースであったかれは、逃げ回っているところをフランスの抵抗組織に助けられ、1944年5月7日に連合軍に復帰した。

英国に戻ってみると、かれはフランスでの救助組織が露顕することを防ぐという英空軍の規則によって、第8航空軍の第56戦闘航空群に戻り作戦飛行に参加することを禁じられた。マヒューリン、そして同じように逃げ回っていた操縦者が、作戦中もしふたたびドイツ軍に捕らえられたら、きびしい尋問により情報を漏らしてしまうかもしれない、その結果、フランスの組織が脅かされることを恐れていたのである。

帰国したマヒューリンは教官として勤務しながら戦争終結まで過ごすことを拒否し、すぐ実戦にもどれる……、今度は日本軍と戦う、勤務先を物色した。かれはすぐに当時編成されたばかりの第3特任航空群に職を見つけ、編成作業の最終段階にあった第3戦闘飛行隊(戦闘)の指揮官に任命された。マスタング戦闘機を配備されたかれの飛行隊は11月の末に太平洋を越え、クリスマスの直前からフィリピンでの作戦を指揮することになった。

空戦目標が払底していたことに、いささか狼狽したにもかかわらず、古参エースがP-51Dによる最初で、そして最後の撃墜戦果をあげるのに長い時間はかからなかった。マヒューリン少佐は、1945年1月14日、ルソン島北部の戦

ショモ大尉の機体を飾り立てていたノーズアートも、操縦席の下の黄色いストライプも落とした第82戦術偵察飛行隊のP-51D。ショモ機は、宣伝に熱心だったケニー将軍が報道カメラ用に塗らせた機体なのである。

1945年2月、カメラに向かって、P-51D-20 44-63272から、誇らしげに微笑むルイス・カーデス大尉。かれの撃墜マークは、枢軸側ばかりでなく連合軍機、米陸軍航空隊のC-47まで落としたことを示す変わり種であった。かれは射撃で、日本軍の占領下にあった島に着陸しようとしていたその機を阻止したのである。カーデスは搭乗者を待ち受ける運命に悩んだ挙げ句そうしたのだが、P-51操縦者の知人である女性を含むC-47の乗員は全員、無事に救助された。かれは後にその決断を賞賛された。(USAF)

闘機掃討を指揮し、かれと、もうひとりの操縦者はバガバグ飛行場の近くを数機のキ46百式司偵が飛んでいるのを発見した。1944年3月以来、空中で一度も敵機を発見できないでいたにもかかわらず、マヒューリンの狩猟本能は即座によみがえり、かれは日本軍偵察機の後方に食らいつき、撃ち落とした。もう1機の百式司偵は、24kmも追跡して落としたというチャールズ・アダムズ中尉が撃墜を報じた。

第348戦闘航空群のジョージ・デイヴィス中尉同様、「バド」・マヒューリンがさらに戦果を記録したのは朝鮮戦争でのことであった。かれは1952年5月、高射砲で撃墜され捕虜になるまでに、第51と、第4戦闘航空群のF-86EでミグI5を3.5機撃墜、加えて不確実1機、撃破1機の戦果を報じている。

マスタングによる風変わりな戦果
Unusual Mustang Victory

「バド」・マヒューリンだけが第3特任航空群で戦果をあげたエースではなかった。かれの仲間、欧州で捕虜になり脱走したルイス・カーデス中尉も第4戦闘飛行隊（戦闘）での前線服務中の1945年2月7日に、百式司偵1機の撃墜を報じている。P-38を装備し、地中海に基地をおいていた第82戦闘航空群で、エンジン故障からイタリア上空で脱出、捕虜になるまでに8機撃墜を報じていたカーデスは捕虜収容所で2週間を過ごした後、脱走、ドイツの後方地域を横断し、1944年5月に連合軍の占領地域へと戻ってきた（詳細は「Osprey Aircraft of the Aces 19 ── P-38 Lightning Aces of ETO/MTO」を参照）。米国に送還されてから、かれは首尾良く第3特任航空群に入り込み、1944年後半には部隊とともにフ

フィリピンで第3特任飛行隊を指揮する間に、欧州戦線でP51D-15 44-14978を飛ばしていたときの戦果に、日本機撃墜1機を加えたウォーカー・M・マヒューリン少佐。かれは1945年1月14日に百式司偵を仕留めたおかげで、20機以上を撃墜した希な米軍操縦者のひとりとなった。(Michael O'Leary)

この目立つ塗装の第35戦闘航空群のP-51の列線は、背後に写っている山脈からクラーク・フィールドにいるらしいことがわかる。マスタングの機首と尾翼のマーキングがまちまちであるのに注目。いくつかの飛行隊の機体が混じっているようだ。

ィリピンにやって来たのである。

　百式司偵の撃墜はカーデス中尉による最後の枢軸軍機に対する戦果であったにもかかわらず、これはかれの撃墜戦果稼ぎの終点とはならなかった。2月10日、バタン島（ルソンと台湾の中間にあった）掃討の最中、かれの小隊の1機が海上への落下傘降下を余儀なくされた。カーデスはその上を旋回し、救助隊を誘導しようとしていた。降下操縦者の頭上を飛んでいたカーデスは、日本軍が確保しているバタン島へ着陸しようとしている1機の米陸軍航空隊のC-47輸送機を見つけた。エースは輸送機が敵飛行場から離れるよう誘導を試みたが、うまくゆかなかった。かれは、もうこいつは撃墜してやるしかないと決意した。

　技量の限りを尽くして、カーデスは輸送機の両エンジンを冷静に撃った。C-47の操縦者には、もはや傷ついた輸送機を波静かな海上に着水させるしかなかった。輸送機に乗っていた13名の乗客と、水中にいたサンダーボルトの操縦者はその後、無事救助されてルソン島に戻ってきた。

　このとても普通じゃない振る舞いのあとの数日間、カーデスはC-47を制止

カメラの前を飛びすぎて行くM・R・ビーマー少佐のP-51D 44-72198。ビーマーは太平洋戦争の末期の数カ月、第41戦闘飛行隊の指揮官を務めていた。

した奇抜なやり方の是非を気にしていた。だが心配には及ばなかった。不問に処されるどころか、かれの上官は危機的な状況下での機転を賞賛したのである。しばらくして、カーデス中尉のP-51D-20 44-63272号機は7つのカギ十字、イタリアのファッシ［ファシスト党の象徴である束ねた斧］がひとつ、旭日がひとつ、そして米国国旗ひとつで飾られることになった。かれは後に第49戦闘航空群に配属され、乗り慣れたP-38を与えられたが、これ以上戦果を増やすことはできなかった。

1945年、不運な着陸、あるいは離陸の後、残骸から落下傘と救命胴衣を持ってとぼとぼと歩み去るP-51D-20 44-64055の操縦者。この第3航空軍団所属機の「星と帯」は野戦で、白と黒の太帯のあいだに描かれたように見える。

伊江島
Ie Shima

1945年中頃までには、フィリピン上空での戦闘はほとんど期待できなくな

方向舵に部隊マークが入っていないので、これらのP-51Dが第71戦術偵察飛行隊の所属なのか、第3特認航空群の所属なのか特定するのは困難である。

っており、P-51を装備した第348、第35戦闘航空群はかれらの最後の戦時基地となる小さな島、沖縄本島の沖、獲得したばかり伊江島に移動した。作られたばかりの極東航空軍の司令官は、第5航空軍と、第13航空軍の両戦闘部隊を日本本土上空での作戦に投入することに非常な熱意を傾けており、それはマスタング乗りたちの強い願いでもあった。

しかし、またも標的はとらえどころのないものであったが、第40戦闘飛行隊のエリス・ベイカー中尉は、7月5日、九州沿岸の戦闘機掃討任務中にかれらの5番目、6番目の戦果として川西N1K2-J紫電改 2機撃墜を報じた。第40戦闘飛行隊は、この交戦で日本海軍の新型戦闘機を実際に4機撃ち落としているが、ベイカーの2機撃墜が大戦最後の戦果となった［7月5日、343空の紫電改3機未帰還（戦死3名）］。

さらに第348戦闘航空群の3人のエースは、航空群が新たな獲物を求める鉾先を、仏印沿岸と台湾、そして日本そのものに転じた際に戦果を報じた。その中のひとり、P-47エースとしては右に出る者のいない古参操縦者にして、いまや航空群の指揮官代理となった「ディンギー」・ダンハム中佐は、1944年12月から翌月に帰国するまで作戦将校の助手を務め、1945年1月に米国での射撃訓練過程を終えて、5月に作戦将校として愛する第348戦闘航空群に復帰していた。

まだ撃ち合いがつづいているというのに、伊江島で管理職についているなど、終戦を控えた戦う男、ダンハムに到底満足できることではなく、1945年8月1日、かれは真っ新のP-51K-10で、第342戦闘飛行隊の指揮官エド・ポペク少佐と、僚機2機を率いて九州への戦闘機掃討を行った。

高度4800mで目標の南岸に近づきつつ、竹島上空を過ぎた頃、ダンハムは1500m下方を飛ぶB-24の編隊が、約20機の日本戦闘機の攻撃を受けているのを発見した。かれは米軍爆撃機を救うこと以外、何も念頭になく、た

「イルマⅧ世」は第40戦闘飛行隊のアンソニー・フェイカス大尉の乗機であった。

不鮮明な写真ではあるが、これはP-51DとP-47のエースであるジョージ・デラ大尉機である。1945年春、この写真が撮影されたとき、かれはすでにほぼ2年にわたって戦ってきた古参であった。デラは、1944年のクリスマス・イブ、第460戦闘飛行隊の所属であった際にエースとなった。

P-51D-15 44-15103の操縦席に入った第348戦闘航空群指揮官のディック・ロウランド大佐。かれは同航空群を1943年11月から、1945年6月まで指揮していた。(Vickers)

「ディンギー」・ダンハムの傷ひとつないP-51D「ミセス・ボニー」、1945年8月に、この古参操縦者は最後の撃墜戦果を追加した。(Schubert)

だちにマスタングを率いて乱戦のなかへと飛び込んでいった。敵戦闘機は、すぐにキ84四式戦であることがわかった。第348戦闘航空群機が、フィリピンで、この大東亜戦争決戦機と遭遇することは滅多になかった。

無敵という触れ込みの敵機だったが、「ディンギー」・ダンハムには優速と、2年間の戦闘経験という強みがあった。機銃の見事な一連射で、最初に照準に入った四式戦の風防を粉々にし、ほぼまちがいなく同機の操縦者を倒し、海へと垂直に墜落させた。これは、ダンハム中佐の最後、そして、不確実や、撃破を含まない16機目の確実撃墜であった。

同じくエド・ポペクもこの戦いで、降下してくる4機のマスタングを見てB-24のそばから上昇、散開した数機のキ84と格闘した。少佐は、急旋回中の四式戦の後方に手早く食らいつき、直線飛行に移るのを待って、至近距離から射撃、敵機は片方の主脚を降ろした状態で煙の尾を曳きながら大地へと墜落していった。

戦闘はばらばらの乱戦となった。マスタングの操縦者は照準に入って来た敵機を片っ端から撃ちまくり、日本機は数の優勢を恃んで、堅固な2機編隊戦術を崩さない米軍戦闘機の後方に着こうと絶望的に試みた。2機編隊戦術は、ポペク少佐の僚機、トーマス・シーツ中尉によって素晴らしい成果をあげた。指揮官機がいったんは取り逃がし、激しく機動する四式戦1機を仕留めたのである。少佐は後にこの戦闘を次のように報告している。

「わたしは別の1機(四式戦)を見つけ、追跡、だが発砲する前に敵機は鋭く旋回した。別のP-51、シーツ中尉機が射撃、だが喰えなかった。わたしはも

カラー塗装図
colour plates

解説は99頁から

以下13頁にわたるカラー図版で示されている機体は太平洋と、中国・ビルマ・インド戦域で活躍した著名なエースと、無名に近いが5機以上の撃墜戦果を公認されているP-47とP-51の操縦者が使ったものである。図版はすべて、本書のために描かれ、機体はトム・タリス、操縦者はマイク・チャペルが、ともに徹底的な考証に基づいて描いた。ここに載せられている機体のほとんどが、これまで他の出版物にカラー図として発表されたことがなく、また第二次大戦中の公式報道写真家、操縦者、地上勤務者等の人々が、その正確さ認めてくれたものばかりである。

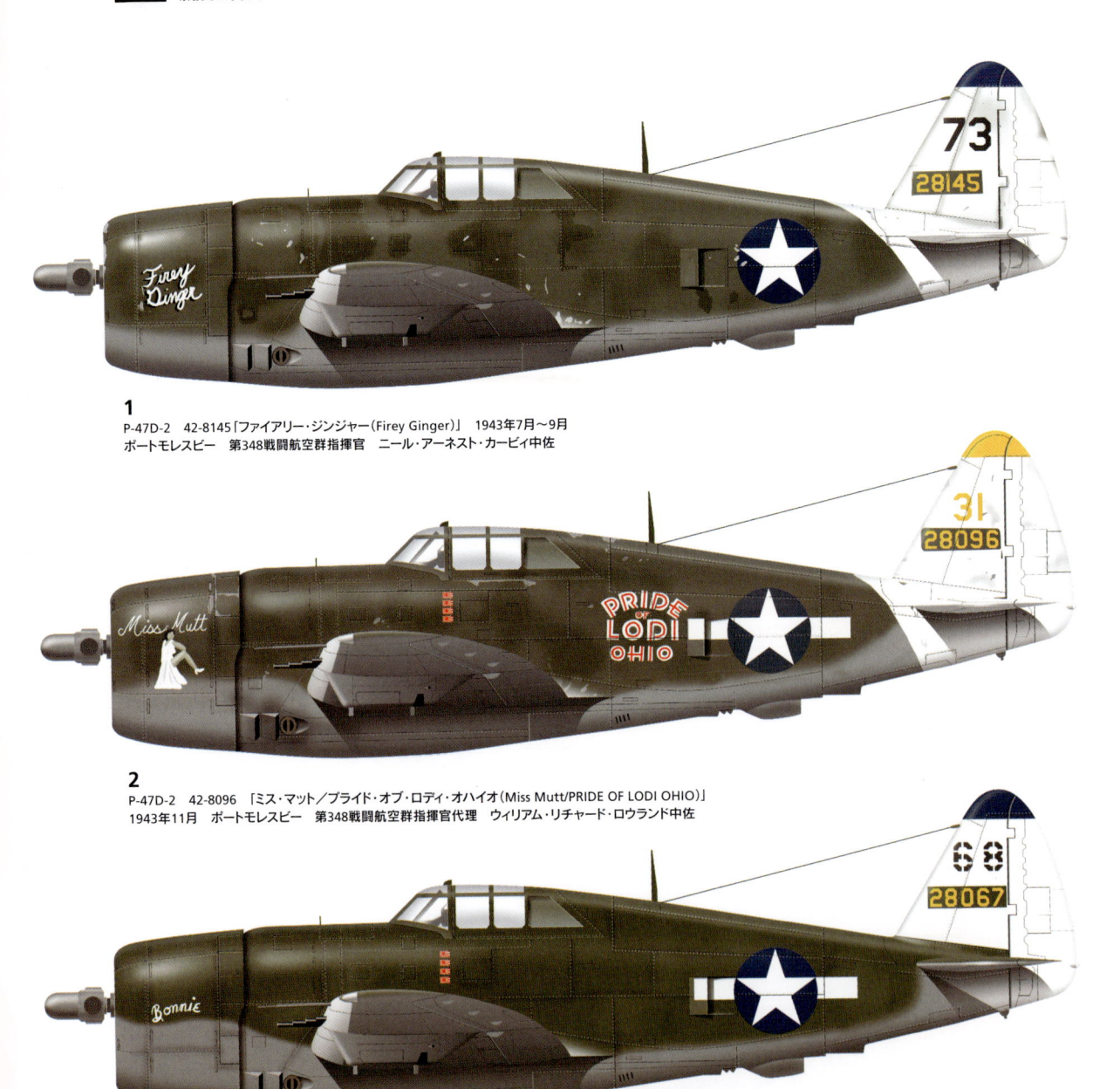

1
P-47D-2　42-8145「ファイアリー・ジンジャー（Firey Ginger）」1943年7月〜9月
ポートモレスビー　第348戦闘航空群指揮官　ニール・アーネスト・カービィ中佐

2
P-47D-2　42-8096　「ミス・マット／プライド・オブ・ロディ・オハイオ（Miss Mutt/PRIDE OF LODI OHIO）」
1943年11月　ポートモレスビー　第348戦闘航空群指揮官代理　ウィリアム・リチャード・ロウランド中佐

3
P-47D-2　42-8067　「ボニー（Bonnie）」1943年10月〜12月　ポートモレスビー
第348戦闘航空群第342戦闘飛行隊　ウィリアム・ダンハム大尉

4
P-47D-4　42-22684　「ミス・マットⅡ世／プライド・オブ・ロディ・オハイオ(Miss Mutt Ⅱ/PRIDE OF LODI OHIO)」
1943年12月　フィンシハーフェン　第348戦闘航空群指揮官　ニール・アーネスト・カービィ中佐

5
P-47D-11　42-22903　「"キャシー"／ヴェニー・ヴィディ・ヴィシー("Kathy"/VENI VIDI VICI)」
1943年12月　フィンシハーフェン　第348戦闘航空群第342戦闘飛行隊　ローレンス・オニール中尉

6
P-47D-4（シリアル・ナンバー不明）　1944年1月　ナザブ　第49戦闘航空群第9戦闘飛行隊
ジェラルド・R・ジョンスン少佐

7
P-47D-3　42-22637　「デアリング・ドッティーⅢ世(DARING DOTTIE Ⅲ)」　1944年3月
フィンシハーフェン　第348戦闘航空群第341戦闘飛行隊指揮官　ジョン・T・ムーア少佐

8
P-47D-4　42-22668　「ファイアリー・ジンジャーⅣ世(Fiery Ginger Ⅳ)」　1944年5月
フィンシハーフェン　第Ⅴ戦闘航空軍団　ニール・アーネスト・カービィ中佐

9
P-47D-11　42-22855　「ホイツ・ホス(HOIT'S HOSS)」　1944年3月　ガサップ
第35戦闘航空群第41戦闘飛行隊　エドワーズ・R・ホイト中尉

10
P-47D-2　42-22532　「サンシャインⅢ世(Sunshine Ⅲ)」　1944年2月～6月
フィンシハーフェン　第348戦闘航空群第342戦闘飛行隊指揮官　W・M・バンクス大尉

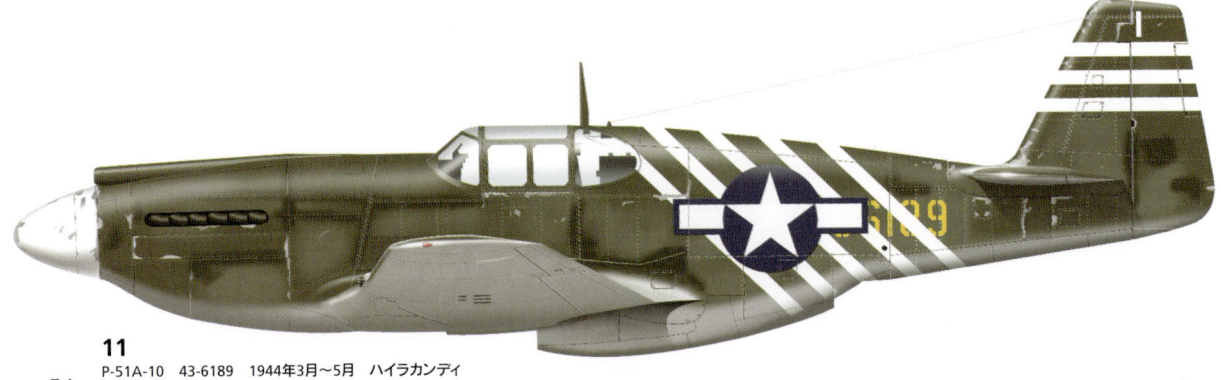

11
P-51A-10　43-6189　1944年3月～5月　ハイラカンディ
第1特任航空群指揮官　フィリップ・コクラン大佐

12
P-47D-23　43-27899　「ジョシー(JOSIE)」1944年12月　レイテ
第348戦闘航空群第340戦闘飛行隊　マイク・ディコヴィツキー中尉

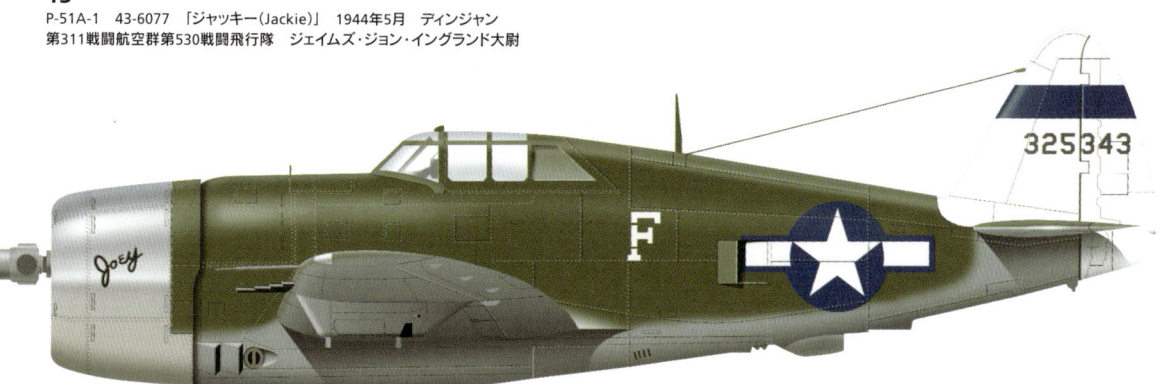

13
P-51A-1　43-6077　「ジャッキー(Jackie)」　1944年5月　ディンジャン
第311戦闘航空群第530戦闘飛行隊　ジェイムズ・ジョン・イングランド大尉

14
P-47D-21　43-25343　「ジョーイ(Joey)」　1944年6月　サイパン
第318戦闘航空群第19戦闘飛行隊　ウィリアム・マティス中尉

15
P-47D-23　43-27861　1944年9月　モロタイ
第35戦闘航空群第39戦闘飛行隊　リロイ・V・グロスホイシ中尉

16
P-51C（シリアルナンバー不明）「リトル・ジープ(Little Jeep)」 1944年11月 陸良
第23戦闘航空群第75戦闘飛行隊　フォレスト・H・バーハム大尉

17
P-51C（型式とシリアルナンバー不明）「ロペス・ホープⅢ世(LOPE'S HOPEⅢ)」 1944年9月 桂林
第23戦闘航空群第75戦闘飛行隊　ドン・S・ロペス中尉

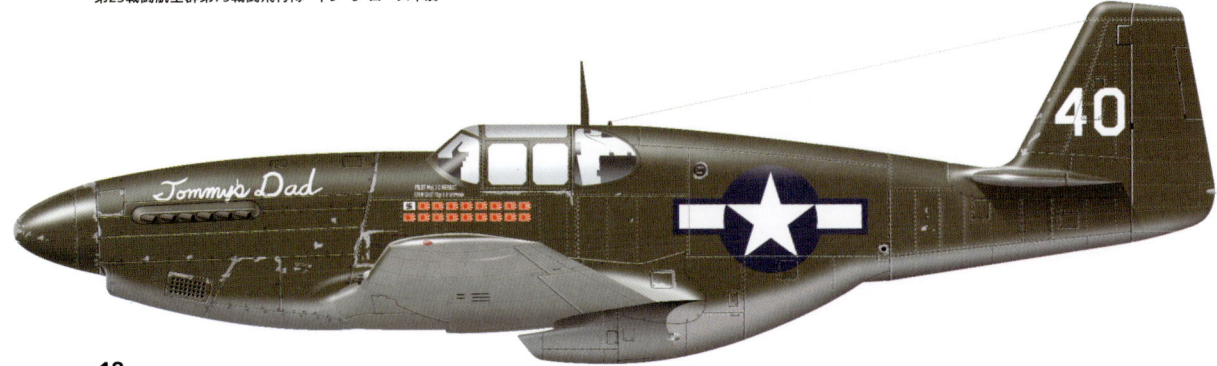

18
P-51B-7（おそらく43-7060）「トミーズ・ダッド(Tommy's Dad)」 1945年1月 陸良
第23戦闘航空群第74戦闘飛行隊指揮官　ジョン・C・ハーブスト少佐

19
P-51C（型式とシリアルナンバー不明）「アイオワ・ベル(IOWA BELLE)」 1945年1月 陸良
第23戦闘航空群第75戦闘飛行隊　カーチス・W・マハンナ中尉

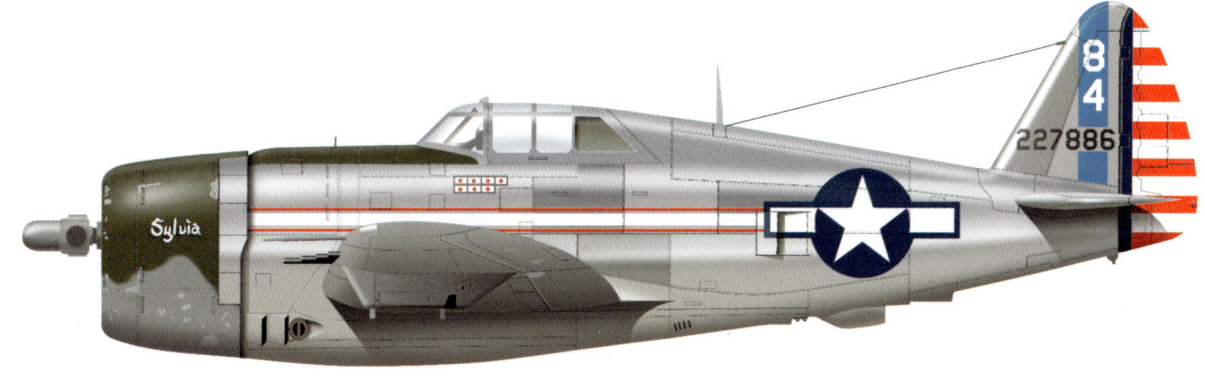

20
P-47D-23　42-27886　「シルヴィア／ラシーン・ベル(Silvia/Racine Belle)」
1944年11月〜1945年1月　レイテ　第348戦闘航空群　第342戦闘飛行隊　M・E・グラント中尉

21
P-47D-25　42-28110　「マイ・ベイビー(My Baby)」　1944年12月〜1945年1月
ピトゥー　アルヴァロ・ジェイ・ハンター大尉

22
P-47D-25　42-27894　「ボニー(Bonnie)」　1944年12月　レイテ
第348戦闘航空群第460戦闘飛行隊　ウィリアム・D・ダンハム少佐

23
P-47D-28　42-28505　「マイ・ベイビー(My Baby)」　1944年10月〜12月
第35戦闘航空群第40戦闘飛行隊　アルヴァロ・ジェイ・ハンター大尉

57

24
F-6D-10　44-14841　「スヌークス5番（SNOOKS-5th）」　1945年1月　レイテ
第71戦術偵察航空群第82戦術偵察飛行隊　ウィリアム・ショモ大尉

25
P-51D-20　44-72505　「フライング・アンダーテイカー（The FLYING UNDERTAKER）」
1945年2月〜4月　ビンマレイ　第71戦術偵察航空群第82戦術偵察飛行隊指揮官　ウィリアム・ショモ少佐

26
P-51D-20　44-63984　「マーガレットⅣ世（Margaret Ⅳ）」　1945年4月〜5月
硫黄島（南飛行場）　第15戦闘航空群第78戦闘飛行隊指揮官　ジェイムズ・バックレイ・タップ少佐

27
P-51D-20　44-63483　「スティンガーⅦ世（Stinger Ⅶ）」　1945年6月　硫黄島（南飛行場）
第15戦闘航空群第45戦闘飛行隊　ロバート・W・ムーア少佐

28
P-51D（型式とシリアルナンバー不明） 1945年4月～8月 陸良
第23戦闘航空群第75戦闘飛行隊指揮官 C・B・スローカム少佐

29
P-51B-15 42-106908 1945年1月 重慶
第311戦闘航空群第530戦闘飛行隊 レナード・R・リーヴズ中尉

30
P-51C-10 42-1032285 「ジェニー(JANIE)」 1945年1月 重慶
第311戦闘航空群第530戦闘飛行隊 レスター・ミュンスター中尉

31
P-51D-10 44-14626 1945年1月 陸良
第23戦闘航空群第118戦術偵察飛行隊 エドワード・O・マコーマス中佐

32
P-51D-10　44-11276　1945年6月　陸良
チャールズ・H・オールダー中佐

33
P-51K-10　44-12099　「ジョシー（JOSIE）」　1945年1月　サン・マルセリーノ
第348戦闘航空群第340戦闘飛行隊　マイケル・ディコヴィツキー中尉

34
P-51K-10　44-12101　「ネイディーン（Nadine）」　1945年5月～6月　フロリダブランス
第348戦闘航空群第460戦闘飛行隊　ジョージ・デラ大尉

35
P-51K-10　44-12073　「サンシャインVII世（SUNSHINE VII）」　1945年6月　伊江島
第348戦闘航空群指揮官　ウィリアム・T・バンクス中佐

36
P-51D-20　44-75623　「マイ・エイキン！(My Ach'in!)」　1945年6月　硫黄島
第21戦闘航空群第531戦闘飛行隊指揮官　ハリー・C・クリム少佐

37
P-51D-20　44-64038　「ドリス・マリー(Doris Marie)」　1945年8月　伊江島
第348戦闘航空群第460戦闘飛行隊　トーマス・シーツ中尉

38
P-51K-10　44-12017　「"ミセス・ボニー"("Mrs. Bonnie")」　1945年8月　伊江島
第348戦闘航空群　ウィリアム・D・ダンハム中佐

39
P-47N-1　44-88211　「リル・ミーティーズ・ミート・チョッパー(Lil Meaties' MEAT CHOPPER)」
1945年8月　伊江島　第507戦闘航空群第464戦闘飛行隊　オスカー・バードモ中尉

40
P-51K-10　44-12833　「"ウィ・スリー"("WE THREE")」　1945年8月　伊江島
第71戦術偵察航空群第110戦術偵察飛行隊指揮官　ジョージ・ノーランド少佐

41
P-51D-20　44-64124　1945年8月　沖縄
第35戦闘航空群第39戦闘飛行隊指揮官　リロイ・グロスホイシ大尉

42
P-51D-20　44-63272　「バッド・エンジェル(BAD ANGEL)」　1945年8月　ラワグ
第3特任航空群第4戦闘飛行隊(戦闘)　ルイス・E・カーデス中尉

乗員の軍装
figure plates

1
1944年5月　サイドーア
第348戦闘航空群第342戦闘飛行隊
ロバート・ナップ中尉。

2
1943年12月
フィンシハーフェン
第348戦闘航空群第342戦闘飛行隊
ローレンス・F・オニール中尉

3
1945年8月　伊江島
第507戦闘航空群
第464戦闘飛行隊
オスカー・パードモ中尉

4
1945年1月 陸良
第23戦闘航空群
第118戦術偵察飛行隊指揮官
エドワード・マコーマス中佐

5
1945年1月 陸良
第23戦闘航空群
第74戦闘飛行隊
ジョン・C・ハーブスト少佐

6
1945年3月 重慶
第311戦闘航空群
第530戦闘飛行隊
レスター・L・アラスミス中尉

上2葉●戦争末期、第348戦闘航空群の指揮官、ウィリアム・バンクス大佐はP-51K-10 44-12073で飛んでいた。彩り豊かなスピナーと、ニックネームがこの航空群に属する4つの戦闘飛行隊を示している。第348戦闘航空群は、第Ⅴ戦闘航空軍団中、4つの飛行隊を傘下に収めていた唯一の部隊だった。下の写真左側がバンクス、隣は機付長の「ドック」・エイルストン。(Norman Taylor via Krane files)

このF-6Kは、1945年5月に第110戦術偵察飛行隊の指揮官に任命されたジョージ・ノーランド少佐の乗機で、対日戦勝から数週間後に撮影された。かれは、ほぼ第二次大戦最後の撃墜戦果として、8月14日に偵察飛行中に3機の撃墜戦果を報じた。後にうち1機は不確実撃墜と判定された。

う一回攻撃、だがしくじった。シーツ中尉も次の攻撃航過に失敗。だが四式戦はわたしの方へ来た。わたしは機体の傾きを45度に戻し、55度の角度から見越し射撃、射弾は操縦席を確実に捉えた。敵機の操縦席はずたずたになっており、海へと墜落していった。我々は、その敵機と300mで戦いはじめたが、いまや高度は600mまで下がっていた。四式戦は非常に機動性が優れていたが、我々はより高速で、降下速度も優れていた。そして、上昇力を競える者もいなかった」

エド・ポペク少佐は、伊江島帰還後、撃墜2機を公認され、かれの最終撃墜戦果は7機となった［8月1日、交戦したのは343空の紫電改20機。「機銃筒内爆発、コチラ菅野1番」の無線を残して未帰還となった戦闘301飛行隊長、菅野直大尉機を含む3機を失った］。

chapter 5

第14航空軍のP-51
P-51 of the fourteenth air force

　格段に改良されたP-51Bの登場まで、第8航空軍の第VIII戦闘航空軍団、第354戦闘航空群でのマスタングの使用が欧州戦線で許可されなかったことに対して、それ以前に中国でP-51Aが使われていたということは、中国・ビルマ・インド戦域が、少なくとも連合軍の高級戦略家にとっては本当に第二次大戦の忘れられた戦場であったことを示している。

　1943年11月25日、復活祭に実施された台湾の新竹への攻撃を演じたアリソンエンジン搭載のP-51Aを装備する第23戦闘航空群の源流を辿れば、1941年の米義勇空軍(American Volunteer Group; AVG)に逢着する。旧式化したP-40ウォーホークに代わって、初期型のマスタングを得ても、新しい指揮官、デイヴィッド・リー・「テックス」・ヒル中佐の存在によって「フライング・タイガーズ」精神が、第23戦闘航空群にその痕跡を留めていた。かれは第1AVGの第2飛行隊で戦っており、米陸軍航空隊の第23戦闘航空隊、第75戦闘飛行隊がそれにとって代わったときは、赤痢とマラリアに冒されて、1942年11月まで米国に送り

1945年初期、中国の重慶で第311戦闘航空群の目立つ部隊章をまとっているのは、第529戦闘飛行隊のP-51B-10である。遠方にP-40Nが駐機されているのに注目。(Michael O'Leary)

排気管の下に「プリンセス」の愛称を入れたこのP-51C-10 42-103896は1945年7月24日の中国での護衛任務中にC-47から撮影されたものである。尾翼に入れられた2本の黄色い帯が、同機が第530戦闘飛行隊の所属であることを示している。
(Michael O'Leary)

革のA2ジャケットを着て手を後ろに組んだクレア・シェンノート将軍が、同戦域に届いた最初のP-51Bに乗る第23戦闘航空群の操縦者に話しかけている。米義勇航空群ゆずりのシャークマウスをなんとも誇らしげに描いていることに注目。(Michael O'Leary)

A2ジャケットのボタンをきっちり留めて、P-51Bで出撃しようとする第23戦闘航空群、第75戦闘飛行隊のデイヴィッド・「テックス」・ヒル少佐。1944年夏の撮影。かれは中国での二度目の戦闘服務を1944年10月に終えて帰国。ベルYP-59を装備する第412戦闘航空群、米国初のジェット戦闘機部隊の指揮を任せられた。1945年に退役したかれは、テキサス州空軍に参加した。

返されていた。

　ヒルは、ビルマと中国での11カ月間の戦闘で、P-40CとP-40Eを使って撃墜13.25機を記録しており、病から回復すると中国・ビルマ・インド戦域への復帰を強く望んだ。桂林に最初のP-51Aが到着したのと時を同じくして、第23戦闘航空群の指揮官としてこの戦域に戻り、ヒルはただちに自らの監督のもと、航

空群の3個飛行隊の古くさいウォーホーク"を(まず第76戦闘飛行隊から)もっと有望なマスタングへと装備改変する作業に取りかかった。

　慌ただしく仕事を仕上げた「テックス」・ヒルは、マスタングの初陣を飾るにふさわしい目標の物色にかかり、最近の航空写真偵察の結果から、それを台湾の新竹飛行場に決めた。11月24日、F-5ライトニングが撮影してきたさまざまな映像から、そこには200機以上もの戦闘機と爆撃機がひしめいていることが確認されたのである。

　日本軍は、P-40の航続距離が短く、新竹を攻撃しようする爆撃機の護衛ができないと判断して、台湾では警戒措置を講じていなかった。しかし、この頃、いくらかのP-38Gと、P-51Aが到着したことによって事態は大きく変わり、ヒル中佐は14機のB-25と、第76戦闘飛行隊の8機のP-51、第449戦闘飛行隊の8機のP-38の混成部隊によって、この飛行場に奇襲攻撃をかけ、この戦域にマスタングと、ライトニングがやって来たことを思い知らせてやろうと決意したのである。

　かれはP-38にB-25の直掩を任せ、P-51には、B-25が攻撃するのと逆の方向から目標を機銃掃射させることにした。奇襲効果を極限まで高めるために、

「ゼロ・レングス式」ロケット弾発射筒を装備したP-51C「アイオワ・ベル」は、第23戦闘航空群、第75戦闘飛行隊のカーチス・マハンナ中尉が飛ばしていた。かれはこのマスタングで、戦争最後の数カ月間に3機の確実撃墜と、3機の不確実撃墜を報じており、1945年に日本軍がもっと飛行機を飛ばしていれば、確実にエースになったものと思われる。(W Hess)

第118戦術偵察飛行隊の列線にいるたった1機の第74戦闘飛行隊のマスタング。手前の戦闘機に描かれ、消えかかっている第1特任航空群の胴体マーキングに注意。

この第118戦術偵察飛行隊のひどく汚れたマスタングでは、同飛行隊の目立つ「黒い稲妻」のマーキングが見える。その結果、必然的に「黒稲妻飛行隊」と呼ばれるようになり、第118は稲妻を黄色で縁どることにした。

目標への接近には中国本土から新竹に至る海峡をできる限り低い高度で飛ぶことになった。

高度10mで目標に接近、米陸軍航空機はまったく出し抜けに飛行場上空に現れ、基地全体にわたり、無数に並べられていた航空機に痛撃を加えた。この空襲で、攻撃側は1機も失わず、14機の日本機が基地上空で、または米軍機を撃退するための緊急出動を試みた際に、P-51または、P-38に喰われてしまった。さらに30機以上もの機体が地上で破壊されたと報告されている［11月25日、新竹海軍航空基地には105機（定数）を有する中型陸上攻撃機の教育部隊がいた。警報を受け、別の基地から戦闘分科教育飛行隊の戦闘機が来援。損害は陸攻、戦闘機各2機が撃墜され、地上で陸攻12機が炎上、大破2機、中破8機、小破18機。戦死25名、負傷20名。米軍側は撃墜14機、地上撃破42機を主張。P-51、B-25、各1機が損傷］。

第449戦闘飛行隊のP-38の操縦者たちは、空中で12機、地上12機という大きな戦果を報じたが、第76戦闘飛行隊もまた満足すべき戦果を報じた。P-51Aによる中国での初戦果があがったのは、それにもっともふさわしい者「テックス」・ヒルが1機のB-25を襲う一式戦1機を発見したときであった。その一式戦は、慌ただしく離陸した後、急上昇し、爆撃機の後方へと回り込もうとしているところにヒルの連射を浴びて、爆発したのである。そこでかれは機銃掃射に戻り、駐機中の1機を確実に破壊、もう1機を不確実撃破したのであった。

飛行場には煙を上げる残骸が散乱し、上空の日本機は一掃され、ヒル中佐は海峡を渡って引き上げるよう命じた。かれのマスタングが旋回し、北西に針路を定めたとき、かれは初めて機体に銃弾が当たるのを感じた。ヒルは即座に回避運動を行ったが、後方に敵機の姿は見られず、その機動で海に突っ込んでしまいそうになった。敵機は現れたとき同様、すぐに姿を消してしまい、その後、小隊は何事もなく桂林へと帰還した。着陸してから、ヒル機の兵装係のひとりがすぐに、かれ自身のP-51の弾薬が給弾トレイの中で自爆していると指摘した。標的の上で連射しすぎたために過熱したのである。

「テックス」・ヒルは後に、この作戦が「完璧に成功」したおかげで、P-51に対する愛着が生まれ、かれのP-40に対する執心に匹敵するようになったと書き残している。

感謝祭の日、成功裏にデビューしたP-51A（わずかながらP-51Bも）は、1944年の最初の数カ月間に細い流れとなって、しかし着実に桂林に到着しつつあり、6月までに、第14航空軍のP-51の数はP-40よりも多くなった。しかし新型装備配備に関する中国・ビルマ・インド戦域に対する優先度が低かったために、第23戦闘航空群がすっかりP-51に装備改変するには長く苦しい期間が必要で、中国にマスタングエースの時代が到来する妨げとなった。

画質は悪いが、これは1944年後半に陸良飛行場で地上滑走中の第75戦闘飛行隊の5機撃墜エース、「ハピー」・バーハム大尉のP-51C「リトル・ジープ」の珍しい写真である。バーハムは1944年の夏の終わりまでに、P-40Nで4機撃墜を報じ、たぶん写真の機体を以て、1944年11月11日にインド〜中国連絡航空路で1機を撃墜、エースとなった。

これもまた画質の悪い写真だが、これは誰あろうエース、レナード・「ランディ」・リーヴズ中尉のP-51C「マイ・ダラス・ダーリン」である。1945年1月下旬、北京への護衛任務中の撮影。かれはこの第530戦闘飛行隊のP-51を使って、1945年3月25日に最後の戦果を報じた。(Carl Fischer)

A型のマスタングは少数であったにもかかわらず、1942年8月以来第76戦闘飛行隊で戦い、1943年12月1日にP-51Aで日本戦闘機と交戦し香港で撃墜された仲間のエースJ・M・ウィリアムズ大尉（逃走に成功して帰国した）の後任として飛行隊長になるまでにP-40K型とM型で7機撃墜を報じた第23戦闘航空群のP-40古参エース、ジョン・スチュワート大尉が乗った際には、敵に忘れがたい印象を与えた。

　第76戦闘飛行隊は、スチュワートが指揮官になるまでに第23戦闘航空群で最初に、ウォーホークをマスタングに改変しており、かれはすぐにP-51の熱心な支持者となり「中国での航空戦に、この新型機はなくてはならないものだった」と述べ、記録している。

　スチュワート大尉は、1943年12月27日、遂川飛行場上空で零戦1機を不確実撃墜し、同機における初戦果を報じ、その15日後、同地区でキ48九九双軽を仕留め、初めての確実撃墜を報じた［12月27日、25戦隊は遂川攻撃で一式戦3機喪失、11戦隊一式戦1機喪失。第23戦闘航空群は零戦5機撃墜を主張。P-40被弾胴体着陸1機。1944年1月11日、16戦隊は遂川攻撃で双軽2機喪失。更に双軽1機が被弾不時着全焼。第23戦闘航空群は双軽撃墜3機を主張。損害なし］。

　1944年2月10日、九江付近で零戦1機を損傷させ、その48時間後、日本機に襲われているという第449戦闘飛行隊のP-38の救援に駆けつけて、贛州の北方で、一式戦1機（かれの戦闘報告書にはキ44二式単戦と書かれている）の撃墜を報じた。

　「……ジャップは我々の来着を知ると急旋回した。我々が回り込むと、敵は明らかに動揺し、急降下に入った。我々はそれに追いつくこともでき、敵機が地上から30mで水平に引き起こしたときも、刻々と距離を詰めていった。敵は回避機動を試みたが無駄だった。わたしは近距離から約70発射撃、敵機を激しく爆発させた。二式単戦を1機退治、だが、それよりも、我々の戦闘機が日本機よりも高性能であると知ったことの方が重要であった」

［2月12日、第449戦闘飛行隊のP-38は二式単戦撃墜6機、一式戦撃墜1機を主張。第76戦闘飛行隊は二式単戦撃墜1機を主張。P-51喪失1機（戦死）。11戦隊は一式戦1機喪失（その他1機大破）。85戦隊は二式単戦5機喪失（その他1機不時着）。戦死6名。P-38撃墜4機、P-51撃墜1機を主張。航続距離の短い二式単戦の喪失は、燃料欠乏による未帰還とされているが、詳細は不明］

　使い古されたP-40の代わりとして補充されるP-51の数が少ないという欲求不満にもかかわらず、才覚あるジョン・スチュワートの部下たちに支えられた「テックス」・ヒルは、かれの戦闘服務期間が終わり帰国することになった1944年10月中旬まで、第23戦闘航空群の指揮をつづけた。1943年11月25日の一式戦1機撃墜以外にも、かれは1944年5月6日、漢口で、P-51Bを使って零戦三二型1機撃墜を報じ、確実撃墜をもう1機増やしていた。この交戦で、かれはもう1機の三菱戦闘機を損傷させた［5月6日、日本側損害未確認］。

　1944年10月15日、「テックス」・ヒル大佐は第23戦闘航空群の舵取り役を、以前、第75戦闘飛行隊の指揮官を務めていたフィリップ・ルーフボロー中佐に譲った。かれは確実撃墜15.25機と不確実1機、撃破6機を報じ、中国上空での連合軍の勝利に貢献した数少ないのひとりだった。

レスター・アラスミス中尉は、1944年8月に第530戦闘飛行隊がビルマから中国に移動して数週間した頃に着任した。かれは第14航空軍で飛んでいた1944年11月17日から、1945年3月24日までの間に撃墜6機を報じた。(Wolf)

P-51Cを使って1944年〜1945年に、中国で6機を落とした「ランディ」・リーヴズ中尉。(Wolf)

中国のマスタングエース
China Mustang Aces

1944年の中頃までに十分な数が揃ったマスタングは中国での航空戦に大きな影響を及ぼし、この年の後半にP-51乗りたちが報した多くの撃墜戦果もなんら驚くべきことではなかった。長い航続距離、並外れた高性能を備えた、この無敵の戦闘機は、欧州、地中海、太平洋戦線でも同じ結果をもたらし、中国のマスタングは比較的少数(5個戦闘航空群、うち2個は米中混成航空群)だったが、戦力が枯渇しつつあった日本の戦闘機隊に対して航空優勢を得た。

パッカード・マーリンエンジン搭載のP-51Bを使って、中国上空で満足すべき功績をあげた最初の操縦者は、1944年6月中旬に第23戦闘航空群へ配属された第118戦術偵察飛行隊のオラン・ワッツ中尉だった。7月7日、安慶(アンキン)へ威力偵察に飛んだワッツは、町の郊外で一式戦の編隊を邀撃、生き残った敵機が逃げ散る前に、うち2機の撃墜を報したのである。4日後、かれの射撃によって3機目の一式戦がルパオで撃墜され、7月14日、丹竹(タンチュク)上空の戦闘機掃討で4機目の中島戦闘機を仕留め、さらに1機を損傷させた。ワッツは10月5日、P-51Cを以て三水(サンシュイ)上空で二式単戦を落とし、この最後の戦果によってかれは第118戦術偵察飛行隊に誕生するエース3人の最初のひとりとなった〔7月7日、第51戦闘航空群のP-40とP-51が安慶上空で、一式戦撃墜2機を主張。第118戦術偵察飛行隊のP-51も一式戦撃墜2機を主張。米軍損害不明。85戦隊、広東で二式単戦操縦者2名戦死。11日、第118戦術偵察飛行隊のP-51、一式戦撃墜1機を主張。米軍損害なし。48戦隊、湖南で一式戦操縦者1名戦死。14日、第76戦闘飛行隊と第118戦術偵察飛行隊のP-51は丹竹で一式戦3機撃墜を主張。米軍損害なし。85戦隊、丹竹で二式単戦操縦者3名戦

1944〜1945年冬、陸良のストーブで手を暖める中国随一のエース「パピー」・ハーブストと、地上撃破エース、フロイド・フィンバーグ少佐(ともに第23戦闘航空群)。フィンバーグは空戦での撃墜3機と、地上破壊11機を報じている。(Wolf)

P-51B-7 43-7060の操縦席でポーズをとるハーブスト少佐。主翼の12.7mm機関砲の銃口蓋と、胴体に燃料タンクが装着されていることを示す機体の白十字に注目。(Michael O'Leary)

第23戦闘航空群でマスタングを飛ばし空中で一式戦撃墜1機を報じ、さらに地上で数機を破壊したグランド・マホニー大佐は非常な尊敬を集めていた操縦者であった。かれは最初の戦闘服務期間を終えると、南西太平洋の第8戦闘航空群に配属され、1945年1月、P-38で対地攻撃中に戦死した。(Hess)

死。10月5日、第118戦術偵察飛行隊のP-51は一式戦撃墜1機、二式単戦撃墜3機撃墜を主張。P-51喪失1機(生還)。翌6日、85戦隊は広東(三水の東)で戦爆連合と交戦し、二式単戦を4機喪失(戦死3名)している。日付の誤りか]。

オラン・ワッツがかれの部隊とともに桂林に到着した頃、有為転変の飛行機乗り、ジョン・C・「パピー」・ハーブスト大尉が信じられないような連続撃墜を始めており、かれは第23戦闘航空群で7カ月のあいだに18機の撃墜を報じたのである。1909年生まれのハーブストは、当時中国にいた仲間たちよりかなりの年輩で、かれの愛称は前線に着いたとき比較的年長だったことから授けられたものだったが、これはかれの飛行機乗りとしての長い経験と、円熟に対しての敬意を表すこともなった。

ハーブスト大尉は、1941年にカナダ空軍で操縦を習うまでは石油会社で税理士をしていた。訓練が終わると英国に送られ、公式には欧州で戦ったことはないが、かれのP-51に描かれているカギ十字ひとつは地中海で撃墜を報じたメッサーシュミット109のものであると言われている。

1942年のはじめ、ハーブストは帰国して米陸軍航空隊へ転属になり、フロリダ海岸の基地で飛行教官の職を与えられ、欲求不満を募らせたが、その年齢と優れた飛行技術から、訓練飛行隊にしっかり留めおかれていた。病癒えた「テックス」・ヒルと偶然出会ったことが、ハーブストを前線に送り出した。ヒルは、当時まだ機密だったマーリンエンジン搭載のマスタングに乗った「パピー」が行った素晴らしい飛行と、規則違反の特殊飛行をたまたま目撃したのである。操縦者の命令無視に腹を立てるよりも、飛行の見事さに驚き、ヒルはハーブストに「我が」第23戦闘航空群に来いと強く申し入れ、ハーブストは1944年の中頃、前線に姿を現した。

「テックス」・ヒルはハーブスト大尉を第23戦闘航空群に引き込もうとしていたが、かれはまず中国の第5戦闘航空群(臨時)に配属されてしまった。しかし、そこでは1機の撃墜戦果をも報じられなかった。かれはその後、1944年5月30日、第76戦闘飛行隊に転属となり、6月17日、衡山北方への天候偵察の際に、P-51Bで一式戦1機という最初の公認撃墜戦果を報じた[6月17日に失われた48戦隊の一式戦と思われる]。

6月26日、P-40のエース、J・W・クルクシャンク大尉が撃墜されると(中国の抵抗組織に助けられ生還した)、「パピー」・ハーブストはその後任として第74戦闘飛行隊の指揮官となった[クルクシャンクについては本シリーズ第21巻「太平洋戦争のP-40ウォーホークエース」を参照]。ハーブストは苦心惨憺して、マスタングからウォーホークに乗り換えることに慣れ、つづく4機の撃墜戦果はP-40N-20で報じた[6月26日、零陵攻撃で48戦隊一式戦操縦者2名戦死]。

1944年秋までに、第14航空軍の戦闘機は中国でその威力を示すようになったため、日本軍はその脅威を一掃するため、かれらの基地である桂林の奪取を決意した。飛行場を救うための苦しい戦いの後、9月にはとうとう奪われてしまった。しかし、所在のマスタングとウォーホークは地上の攻撃部隊を支援していた日本の航空部隊に大きな犠牲を支払わせた。

第74戦闘飛行隊は、この戦いに先立って、装備をP-51C-7型に転換しており、9月3日、「パピー」は杭州～金華間の鉄道橋梁に対する急降下爆撃を指揮していた際に、同部隊のマスタングによる初めての戦果を報じた。投下した爆弾はほとんど効果なかったが、攻撃したばかりの目標から上がる煙を調べ

ていると、眼下の雲中から九九艦爆2機が出現したのを見つけた。高度の優位を存分に使って、ハーブストは敵機へと急降下し、たったの一連射で1機撃墜を報じた。

僚機が爆発したので危険を感じたもう1機の九九艦爆は大地に向かって急降下、マスタングは水田の上を調子よく追い回した。日本の操縦者は、ハーブストを失速させるか、後部射手の射程へと誘い込もうとしていたが、米戦闘機乗りは敵機の方向舵を撃ち飛ばし、どうしようもなくなった艦爆は不時着を試みた。しかし、九九艦爆の主脚が水田に接触した途端、機体は機首を跳ね上げ、そのまま裏返しになった。ハーブストは念のため、白煙を上げている敵機を機銃掃射した〔9月3日、失われたのは44戦隊の九九襲撃機〕。

桂林の悲劇的な防衛戦の最中、「パピー」・ハーブストはさらに2機の日本戦闘機を仕留め、9月16日までにかれの総戦果は確実撃墜9機となった。うち5機はP-51によるもので、その結果、かれは中国における最初のマスタングエースとなった。

だが、ハーブストを第74戦闘飛行隊指揮官に送り出した第76戦闘飛行隊は、その後すっかり運が傾き、10月の連続作戦では、悪天候、事故と空戦によって22機もの機体と、操縦者10名を失った〔10月4日、悟州上空で85戦隊と交戦。若松幸禧大尉(四式戦)がたちまち2機を撃墜。大久保機が1機を発火させ、石川軍曹(二式単戦)が米軍操縦者を落下傘降下させ、損害なし。第76戦闘飛行隊はP-51B喪失4機(戦死2名、行方不明1名)〕。

その一方で、10月中旬、第118戦術偵察飛行隊の指揮官による10週間にわたる連続撃墜が始まり、第14航空軍のトップ・マスタングエース「パピー」・ハーブストを出し抜くまで、あと1機と迫った。エドワード・マコーマス少佐は、ほぼ2年ものあいだ教官を務めた後、1943年の初期に第118戦術偵察飛行隊に配属された。長い飛行経験をもったかれは、同僚操縦者に軍用機の込み入った扱い方を教える能力のあることを示し、1943年9月の末に同隊の指揮官がミシシッピーのキー飛行場の航空事故で殉職した後、その後任に補せられたことも、いわば自然の成り行きであった。指揮官を亡くす前から、第118飛行隊は戦術偵察隊になることが決まっており、マコーマスに残された任務は部隊の海外派遣準備だけであった。

1944年1月、まずP-40を配備された第118戦術偵察飛行隊が最初に派遣されたのはインドにいた第10航空軍であったが、ほとんど戦闘に参加することはなかった。しかし、6月になると、中国に移動し、第23戦闘航空群の傘下に入った。到着から数週間で、何人かの操縦者はマスタングでの撃墜戦果を報じた。だが、マコーマスに戦果はなく、かれは飛行技量を敵機に対して空戦で披露する機会を切望していた。10月16日、とうとう、かれにその機会が巡ってきた。

この日、マコーマスは、第118戦術偵察飛行隊のマスタング1小隊を率いて、

1945年1月、戦闘服務も終わりに近づいた頃、かれのP-51Cのそばに立つエドワード・マコーマス中佐。妙なことにこの機体には19もの日本の旗が描かれている。かれの戦果の合計は確実撃墜14機、撃破1機、不確実1機なのだが。

香港、ヴィクトリア港への威力偵察任務を遂行、二式単戦の編隊と交戦した。飛行隊指揮官はすぐに1機を港の中に撃ち落とし、交戦を切り上げ陸良に帰還する前にもう1機を損傷させた［1944年10月16日、85戦隊の二式単戦は夕弾を用いて第308爆撃航空群のB-24を撃退、爆撃を断念させ、米戦闘機撃墜4機を主張。日本側損害なし。第308爆撃航空群はB-24損傷3機。P-51喪失1機（生還）］。

　成功を味わったマコーマスはさらなる戦果を求めていたが、空中で敵機を見つけるのは一層難しくなっていた。空中では、100パーセント以上の任務遂行を求める厳しい親方として知られるマコーマスは、自分自身に対してはさらに厳しかった。かれは12月18日、つづく戦果として二式単戦1機と、一式戦3機の撃墜を報じ、第118戦術偵察飛行隊で生まれた2番目のエースとなった。

　48時間後、マコーマスのP-51Cはさらに撃墜2機の戦果を報じたが、かれが大戦果をあげたのは12月23日であった。この戦域にやって来ると、かれの部隊は中国沿岸の日本軍船舶に対するスキップ・ボミング［日本陸軍は跳飛爆撃、海軍は反跳爆撃と呼ぶ］の専門部隊にされ、夏から人目をそばだたせるほどの戦果を記録した。この日、マコーマスは16機のマスタングを率いて漢口〜武昌フェリー施設への攻撃を計画しており、目標上空に達すると、編隊は8機ずつふたつに分かれた。1番編隊が目標を攻撃する一方、マコーマスは7機のP-51を率いて、急降下攻撃中のマスタングを上空から掩護していた。

　近くに敵戦闘機がいないことを確認すると、かれは部下を率いて近くの武昌飛行場を機銃掃射した。キ48と、キ43各1機を地上で破壊し、マコーマスは帰還を決意、ところが、飛行場からの上昇離脱中、かれは頭上を飛ぶ一式戦の6機編隊を発見した。日本戦闘機のうち1機がかれを後方から攻撃、かれのマスタングが急降下で射程外に逃れる前に、主翼に銃弾を見舞った。

　2100mまで上昇して、かれは単機となった一式戦を追跡、日本の操縦者が傷ついた機体を見捨てて脱出するまで追いつめた。この結果、落とされた一式戦の戦友2機の獰猛な反撃を招くことになり、マコーマスは機首を南東に向け、九江に近い日本軍の二套口飛行場上空にまで追われた。急加速で、敵機を振り払うと、かれが飛び越えようとしている飛行場で少なくとも9機の一式戦が緊急離陸しようとしているのが見えた。こんな劣勢はエド・マコーマスのような男にとっても戦うには不利に過ぎた。そこでかれは敵機が本当に戦え

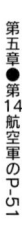

このP-51Cは、この戦域ではゼロ・レングス発射筒（68頁を参照）ほどはうまく使えなかったM-10ロケット発射筒を翼下に装着している。(Hess)

るようになる前に数を減らしてやることにした。

　かれの旋回は、最初の一式戦2機が西から東へと滑走路より浮揚した絶妙な瞬間を捉えた。操縦者が主脚を抱き込んだその刹那、先頭の一式戦は被弾、敵機は横転し、2番機と衝突した。この厚かましい米軍機を捕まえてやるために、次の一式戦2機が離陸を試みたが、だが、かれらはマコーマスに、後方から一列に並んだ両機を至近距離から撃ち落とす機会を提供したに過ぎなかった。もう残弾もわずかになった「即日エース」は帰途に就いた［12月20日、日本側損害未確認。23日、武昌のある湖北省で85戦隊の操縦者1名戦死他、未確認］。

　中国で、1回の出撃で5機を落とした者はほとんどおらず、マスタングでこれを為し得たのはマコーマスひとりであった。さらにおまけとして、その翌日、かれは香港上空で一式戦1機の撃墜を報じた。これはかれ最後のそして、14機目の撃墜であった［12月24日、香港での日本側損害未確認］。

中国・ビルマ・インド戦域末期の戦果
Late CBI P-51 Aces

　1944年秋までに、第23戦闘航空群の4つの飛行隊はとうとう装備をすべてマスタングに改変していた。第51戦闘航空群と、第311戦闘航空群（1944年5月にP-51Bを受領するまでは主に急降下爆撃のできるA-36を装備していた）の飛行隊も、戦争の段階ではノースアメリカン社の戦闘機を受領しており、いまやP-51が中国の米軍の主力となっていた。

　パッカード・マーリンエンジンを搭載したマスタングの大きな長所のひとつである長大な航続距離を存分に活用し、第23戦闘航空群の第74戦闘飛行隊は1944年11月3日の午後、台湾海峡を越えたところにある廈門（アモイ）への攻撃を行った。この作戦に参加したジョン・ボリアード中尉と、ポール・リース大尉が日本船舶を求めて、航路を捜索していると、廈門港に入港している船団の上空掩護を終えて着陸態勢に入っている2機の零戦が見えた。リースはただちに長機に向かい、ボリアードは列機に専念した。

　たまたま先導の零戦を操縦していたのは32機撃墜のエース、谷水竹雄上飛曹であった（詳細は本シリーズ第1巻「日本海軍航空隊のエース 1937-1945」を参照）。リースは最大射程から発砲したが、まぐれ当たりで標的の翼端を傷つけただけであった。着陸しようとしていた谷水上飛曹は未熟な列機、伊藤学上飛曹が誤って発砲したものと思った。

　その間、ボリアードは列機の背後に忍び寄り、450mの距離から致命的な一撃を見舞い、敵機を空中で爆発させた。絶体絶命の窮地に陥ったことを悟った谷水上飛曹は、離脱上昇し、米軍機と交戦するためにフラップと主脚を上げようとした。ボリアードは長機に目をつけ、優速を利用し、正確な連射で、もがき回る零戦の燃料タンクを発火させた。

　谷水は叩きのめされた機体から逃れ、落下傘は廈門港に落ちる数メートル手前でようやく開いた。その後、5機落とすことになるボリアードの初戦果であった。中国で初めてP-51に遭遇した谷水上飛曹は、火傷を負い

1945年1月に帰国する前、非常に短い期間だけ、エド・マコーマス中佐が使ったP-51D-10 44-14626。(Hess)

1945年2月17日、不運な着陸をした第2特任航空群のP-51D-2。胴体の稲妻と垂直安定板の特徴あるマーキングに注目。機首に排気の汚れが見られないことから見て、同機はインドから到着した途端にこのちょっとした不運に見舞われたらしい。
(Mayer via Crow)

このロケット発射筒を装着したP-51Dは胴体に第2特任航空群の稲妻を入れているが、シリアル番号が完全に消されている。落下タンクを得た同部隊のマスタングは、基地であるカレクンダから中国南西部までを作戦行動範囲に収めたのである。(Hess)

茫然自失の体で救助された。

　11月10日に行われた中国東部への長距離侵攻作戦では、第75戦闘飛行隊の一部が岳陽の電探基地を叩く間、第2の小隊が上空から掩護した。全部で12機のP-51Cがこの空戦に参加し、掩護小隊はカナダ生まれの古参、フォーレスト・パーハム大尉が率いていた。かれらは電探攻撃を妨げるためにやって来た一式戦7機が基地上空に出現すると、すぐ交戦に入り、撃墜を報じられた2機の一式戦のうち、1機は、この年の前半にP-40Nですでに3機を落としていたパーハムのマスタングによる最初の、そして4機目の撃墜であった［11月10日、48戦隊は衡陽で交戦。一式戦喪失1機（戦死）、被弾2機］。

　翌日、第75戦闘飛行隊のマスタング16機は湘江河谷への長距離戦闘機掃討に出撃、そこで敵機の奇襲を受けた。たちまち3機のマスタングが失われたが［戦死、捕虜各1名］、他のP-51は戦友の後方にとりついている日本機を追い払った。フォーレスト・パーハムは、この苦戦のなかで戦果を報じた操縦者のひとりだった。かれは5機め、そして最後の戦果として零戦三二型1機の撃墜と、一式戦2機を損傷させたと報じた。ブルックリンで生まれたドン・ロペス中尉も、この戦役における最後の戦果を報じて、エースになった。キ84四式戦がこの戦域に初めて現れたとき、ロペスは4挺の12.7mm機関銃が故障して中島戦闘機を取り逃がしひどく苛立ったが、今回は早々に一式戦1機、かれの5機目の戦果を報じた。かれの戦果はすべて一式戦に対するもので、うち4機は1943年12月から、1944年の8月までに、P-40Nで記録したものであった。この戦闘は第75戦闘飛行隊にとっては高価なものとなったが、戦闘服務期間を終えて帰国する直前に戦果をあげることができたロペスにとっては幸運な戦いだった［11月11日、衡陽で48戦隊一式戦14機が交戦。3機喪失（戦死2名）、被弾不時着3機（戦死1名）。P-51撃墜4機、撃破2機を主張。第75戦闘飛行隊は日本戦闘機8機撃墜を主張。P-51喪失3機］。

　第23戦闘航空群で機種をP-51Cに更新した最後の部隊、第75戦闘飛行隊では操縦者たちが、1942年以来使ってきた頼りになるウォーホークを交換することに気が進まない様子だった。ロペスは、地上掃射でも、空戦でもP-40が気に入っていた。マスタングの主翼に装着された機銃は、完璧な直線水平飛行をしているときに撃っても、突っ込みを起こしがちだった。マスタングの中を「まるで何マイルもの長さで、と思えるほど」通されている冷却管も心配の種であった。もし、ここに1発でも当たれば、パッカード・マーリンは2、3分で停まってしまう。P-40Nと比べてマスタングは高速で、航続距離もずっと長く、480km/hでは運動

性も優れていたが、P-51は戦争最後の数カ月間で、第75戦闘飛行隊の操縦者がP-40に抱いていたほどの愛顧を得ることはできなかった。

しかし、この飛行隊にもウィルツ・「フラッシュ」・セグラ中尉のようにマスタングを擁護する者はいた。かれは、同部隊がマスタングに機種改変する以前、P-40M型とN型で、1944年9月までに、6機の撃墜を報じていたにもかかわらず、マスタングを肯定的に受け入れていた。

「マスタングはP-40と比べると新鮮だった。上昇力はいいし、急降下もいい、ジャップの零戦を撃つときにもいい。旋回だけは零戦に劣ったが、零戦よりよく回る飛行機があるとは思えない。P-51がやってくるまで、我々は受け身で戦っていた。マスタングの登場はそれを攻めの戦いに変革した。第二次大戦後もわたしはP-51同様、P-47、P-38にもずいぶん乗った。どちらもいい飛行機だったが、P-51ほどではなかった。P-51は第二次大戦最優秀の戦闘機であると思う」

マスタングの長大な航続力は、12月8日に第74戦闘飛行隊が16機のマスタングで、中国の古都、南京を攻撃した作戦でたっぷりと披露された。「パピー」・ハーブストは、かれが新たに編成した「奇襲飛行隊」の強力な一撃で、日本人に真珠湾攻撃の記念日を思い出させてやろうと思っていた（中国は日付変更線の西側なので、真珠湾攻撃は12月7日ではなく、8日になる）。

この作戦はうまくいった。特に最初の段階では爆装した8機のマスタングが町の近くを流れる川沿いに停泊中の小艇への攻撃に成功、爆撃を妨げようとした2機の一式戦もまた即座に撃ち落とした。勝利に意気軒昂として、マスタングは周囲の飛行場への攻撃を続行、地上で日本機18機を破壊した。

さらに陸軍機が現れて、地上掃射を阻止しようとしたが、最初に第74戦闘飛行隊に遭遇した2機の一式戦以上のことはできなかった。地上掃射機の上空掩護をしていたマスタングの1機に乗っていたジョン・ボリアード中尉は、攻撃中の三式戦1機に対して、高度1200mからの射撃で墜落するまで、正面から何度か攻撃した。ボリアードは単機飛行中の二式単戦を発見、明らかにまだ気づいていないらしい敵機の後方に滑り込んだ。注意深く狙って、近距離から発砲、敵戦闘機は炎に包まれて墜落した。この2機撃墜によって、ジョン・ボリアードの戦果は4機になった［12月8日、85戦隊へ空輸中の四式戦2機喪失（戦死2名）。地上攻撃によって、南京地区では17機が炎上、10機が中破。第23戦闘航空群のP-51は南京地区で日本戦闘機6機撃墜を主張。損害なし］。

ほぼ平面図に近いかたちで写っているので、このP-51D-15 44-15450がまとっている主翼上面の第2特任航空群の稲妻マークが見える。

10日後、第14航空軍はこの日、中国における米軍の最後の大戦果を記録した。第74戦闘機隊はこの日、将来の指揮官フィル・チャップマン少佐と、かれの後継者の手並みを拝見するために一緒に飛んだ「パピー」・ハーブストに率いられていた。漢口地区の飛行場をいくつか襲撃して、ハーブストは11機目の獲物、そして2カ月ぶりの戦果として一式戦撃墜1機を報じ、その間に周辺で一式戦3機の撃墜が報じられ、うち1機はフィ

第75戦闘飛行隊が最初のP-51Dを受領したのは1945年のはじめであったが、空戦の機会が少なかったため中国戦線上空で本機の優秀性を十分に発揮することはできなかった。(Michael O'Leary)

　ル・チャップマンが、武昌の衛星飛行場のひとつの上空で、後の5機撃墜の口切りとして報じた一式戦であった。
　進級したばかりの第23戦闘航空群指揮官代理、チャールズ・オールダー中佐もこの作戦に参加し、エド・マコーマスの第118戦術偵察飛行隊について行った。非常に熟練した戦闘機乗りであったオールダーは「フライング・タイガーズ」の創設時からの隊員として1941年から42年にかけて、10機撃墜を報じていた。かれは1944年7月に第23戦闘航空群の本部要員として中国に戻っていた。かれは前線に戻った数週間のうちにP-51Bで撃墜1機を報じたが、その後、敵機が捉え難くなっていることも知った。しかし、武昌飛行場で一式戦1機を攻撃したときには、そんなことはなかった。敵戦闘は胴体と主翼に被弾し、オールダーの僚機が墜落を目撃した。
　翌日、「チャック」・オールダーは漢口地区へのたった1回の早朝の戦闘機掃討で、九九双軽1機と、一式戦2機の撃墜を報じて、まだ前線の戦闘機乗りとして通用することを証明した。かれはまず、同地区にたくさんある飛行場のひとつで九九双軽に忍び寄って撃ち落とし、かれと戦うために別の滑走路から離陸しようとしている一式戦4機を機銃掃射した。オールダーはさほど腕の冴えを見せる必要もなく、高度を取ろうと必死になっている一式戦に追いすがり、

1945年8月24日、C-47を護衛して飛ぶ第530戦闘飛行隊のP-51。(Michael O'Leary)

敵機が逃げ去る前に、最初の攻撃航過で1機を撃墜した。基地への帰還中、かれは12機以上もの一式戦に奇襲されたが、乗機の優秀さのおかげで、圧倒的に優勢な敵機を出し抜くことができた。その上、かれはその間、さらに1機の撃墜戦果を稼ぎさえした。マスタングに乗ったオールダーの態度は、たぶん古いP-40ウォーホークのときには見られなかった自信に満ちていた。

　オールダー中佐は、新年を迎え、1月17日のタチャン飛行場への戦闘機掃討の際に一式陸攻、九九軍偵そして、百式輸送機の撃墜を報じ、さらに3機の戦果を増やした。これによって、最終戦果を18機にしたオールダーは中国・ビルマ・インド戦域随一のエースのひとりになった〔1月17日、第74戦闘飛行隊は虹口飛行場を襲撃。90戦隊は虹口で九九双軽25機喪失(戦死4名、負傷6名)。大馬鎮飛行場での損害は不明。戉基地ではP-51の低空攻撃で、零戦12機、雷電3機、九七艦攻6機炎上〕。

　12月18日に話を戻そう。九江飛行場の攻撃に参加した第74戦闘飛行隊のフロイド・フィンバーグ大尉は、かれの部隊が日本機を地上で少なくとも10機は仕留めたのを見た。うち6機はフィンバーグの戦果として公認され、これはかれが終戦までに地上撃破を報じる総戦果の半分を少し越える数であった。さらにかれは空中でも1機撃墜を報じ、さらに何機かを不確実撃墜または、損傷させた。当時の中国・ビルマ・インド戦域では、第8航空軍同様、地上撃破も空戦での戦果と等しく扱っていた。したがって、フィンバーグは12機(うち11機は地上撃破)を仕留めたという見事な戦果を収めたことになり、かれは中国・ビルマ・インド戦域のマスタングエースにもなった。

　12月18日には、漢口地区の目標を狙うB-25を護衛してきた第311戦闘航空群の操縦者も戦果をあげた。航空群随一のエース、第530戦闘飛行隊の指揮官、ジェイムズ・イングランド少佐は、かれ最後のそして10機目の戦果として一式戦1機撃墜を報じた。その一方、飛行隊の戦友、レスター・アラスミス中尉はさらに一式戦2機、二式単戦1機撃墜を報じ、自己戦果を4機とした。

　この忘れられた戦場のマスタングにとって、18日はいつまでも記憶に値する偉大な日となった。マスタング喪失3機の代償として、空中で20機以上もの日本機の撃墜が報じられ、地上でも同じくらいの数を破壊した。年末を迎える前にマスタング乗りたちは40機以上もの戦果を報じたのである〔12月18日、日本戦闘機4機未帰還、「赤鼻のエース」若松幸禧少佐を含む戦闘機操縦者5名戦死。90戦隊の九九双軽1機喪失(戦死4名)。地上では戦闘機8機、双軽4機、司偵1機が炎上、戦闘機6機が大破。85戦隊(二式単戦と四式戦)は可動2、3機、25戦隊(一式戦)は2機にまで戦力が低下。P-51撃墜4機、撃破3機を主張。中米混成航空団のP-40と、第23、第311戦闘航

戦後の第311戦闘航空群に補充されたマスタングの1機、P-51K-10 44-11447「シェイディ・キャティ」。1945年11月23日、インドでの撮影。
(Michael O'Leary)

空群のP-51は日本戦闘機24機、双軽1機撃墜を主張。第23戦闘航空群P-51の損害は、対空砲火による撃墜1機（生還）のみ。他の2機は、同日、この攻撃に参加せず、訓練飛行中に空中衝突した第76戦闘飛行隊の機体（2名戦死）との混同か、損害不明の第311戦闘航空群の所属機と思われる］。

　1945年初頭、中国・ビルマ・インド戦域でのマスタングエースは戦果の仕上げを行った。レスター・アラスミスは1月5日に新郷飛行場［河南省］を襲い、一式戦1撃墜を報じ、エースになり、飛行隊の仲間であるレナード・リーヴズ中尉は、同じ作戦で中島戦闘機を仕留め、それまでの戦果3機に1機加えて総戦果を4機にした。両操縦者とも、第530戦闘飛行隊が1945年3月の終わりに南京を攻撃し、一式戦と二式単戦の撃墜を報じたとき、かれらの最終戦果をも報ずることになる［1月5日、新郷で第28教育飛行隊は2機喪失（2名戦死）。第530戦闘飛行隊は一式戦撃墜6機を主張。損害は未確認］。

　「パピー」・ハーブストもまた、1月16日、17日のほぼ24時間足らずの間に、3機を撃ち落とすという驚くべき戦果をあげた。かれの忠実なP-51B-7型は遠く広範囲の連続出撃をし、台湾の北部でG3M九六陸攻1機撃墜を報じ、百式輸送機（あるいは海軍のL2D零式輸送機）1機をユーワンの南方で撃墜、二式単戦1機を大馬鎮と公大飛行場［上海飛行場群］の間で撃墜したのである。中国・ビルマ・インド戦域最大のエースの最終戦果は18機、不確実撃墜1機、撃破3機であった。

　1945年初頭、ふたつの「ほとんど知られていない」中米混成航空団［Chinese-American Composite Wing: CACW、中国名は中美混合空軍団］もP-51への装備改変を始めた。かれらの戦果の大半は喰われやすいP-40Nで報じたものだったが、第3戦闘航空群（臨時）で生まれた6名のエースうち2名は、最後の戦果をマスタングを使って記録した。随一のエースである第7戦闘飛行隊（臨時）のヘイワード・バクストン中尉は1945年最初の2週間にP-51Cで、かれの総戦果6.5機のうち、3機撃墜を報じたが、1月14日に最後の戦果を報じた直後、自分自身が撃墜されてしまい、負傷はしたものの捕虜にはならずに済んだ［1月14日、漢口空襲、P-51喪失3機（生還2名、戦死1名）。25、48戦隊の一式戦が交戦、戦死4名］。

　飛行隊の僚友、戦前から中国空軍で飛んでいる古豪、王光復大尉はまだ第14航空軍に属していた3月7日にP-51Kで6.5機目の戦果を報じた。第7戦闘飛行隊（臨時）の共同指揮官（各飛行隊には、それぞれの中国人と米国人の指揮官がいた）になった後、終戦までにさらに2機を撃墜したと報告されているが、公式には確認されていない。

　第7戦闘飛行隊（臨時）のもうひとりの操縦者は、当時、他の米陸軍航空隊のいかなる操縦者にも達成できなかった地上撃破戦果を記録していた。トーマス・レイノルズ大尉は、1944年の後期に共同指揮官にされたとき、すでにP-40による地上撃破エースであった。つづく数週間のあいだに、かれはさらに3機の二式単戦撃墜を報じ、25機の日本機を地上で撃破したと見積もられており、うち10機は2月10日の青島飛行場攻撃1回で報じられたものであった［青島で撃破されたのは「中国的天空」記事掲載のガンカメラ映像によって、青島海軍航空隊の白菊であったことがわかる］。トーマス・レイノルズの最終戦果は撃墜4機、地上撃破31.5機に昇り、ウォーホークで飛んでいたときにあげた多数の戦果が含まれている。

chapter 6
中部太平洋
central pacific

　日本に対する戦いでP-47とP-51を以て、最後に編成されたのは第7航空軍であった。真珠湾攻撃から終戦までの戦いを通して、この航空軍の第VII戦闘航空軍団は、1944年の半ばから終戦まで、P-47とP-51のみを配備された特別な部隊であった。

　中部太平洋で戦ったのが、どんな人々であったのか、それに細かく触れる前に、この戦域に展開していた各戦闘航空群について説明しよう。米陸軍航空隊は、戦争最後の数カ月間、中部太平洋の戦闘機部隊に対して、面倒な指揮管理方法をとっていた。第15、第21、第506戦闘航空群は、第7航空軍指揮下の第VII戦闘航空軍団に属する一方、第318、第413、第414と、第508戦闘航空群は第20航空軍の指揮下にあったのである。しかし、作戦上、第318、第413、第414と、第508の4つの戦闘航空群は、第VII戦闘航空軍団に割り当てられ、両航空軍の戦闘航空群は交互に、日本本土に侵攻するB-29の護衛作戦を行っていたのである。

　1945年8月14日まで第20航空軍の所属であった第507戦闘航空群も、欧州戦線で勝利を収め、新たに太平洋にやってきた第8航空軍の所属となった。対日戦勝後はただちに第VII戦闘航空軍団に属していた残りの戦闘機部隊もすべて「マイティ・エイト」［無敵の第8］の麾下に入った。

　さて、第7航空軍は、1942年2月に、戦前のハワイ航空軍から創設された。

この印象的な写真は1945年4月、第15戦闘航空群のP-51Dが初めての超長距離爆撃機掩護作戦のため、日本に向かって太平洋上を飛行する姿を捉えたものである。(IWM via Hess)

2年半ばかり、同航空軍の戦闘機隊はカーチスP-36と、P-40、そして少数の P-39エアラコブラと初期型のP-38も使っていた。この時期に、ほとんど戦闘は なかったが、1943年から44年にかけて、数個飛行隊が別個にマーシャル諸島 奪回の短い作戦に投入され、第318戦闘航空群は、1944年中期からサイパン 島への地上攻撃作戦に参加した。

1944年後期に装備を最新のマスタングと、サンダーボルトに更新した第7 航空軍の戦闘航空群は、1945年初頭、米陸軍航空隊の硫黄島からの爆撃攻 勢がたけなわになったとき、とうとう空中で戦う機会を得た。したがって、戦 争の最後の数カ月間で第7航空軍に、10名の「エース」が誕生したのも、さして 驚くほどのことではなかった。

第VII戦闘航空軍団に属する戦闘航空群で、最初にP-47を受領したのは第 318戦闘航空群で、まだハワイの基地にいるうちに、P-40Nに代わって、新し いサンダーボルトで充足された。マリアナ諸島侵攻部隊の一部として、1944 年6月、サイパン島に先行して進出した。海軍から提供された航空母艦2隻で 同戦域に進出した同戦闘航空群のP-47D、少なくとも73機は空母の甲板から 離陸。6月26日、「解放された」ばかりのアスリート飛行場に入った。

翌日の明け方、基地で日本軍の夜襲を受けるという災難にあった第318戦 闘航空群の隊員は、かろうじて身の回りの物を手に取り、サンダーボルトの代 わりに自衛用の携帯火器を以て、歩兵として奮戦し、損害をP-47喪失1機とい う最小限のものに留めた。新着の戦闘機をできる限り多数撃破し、第318戦 闘航空群に致命的な打撃を加えるため、日本兵はこの絶望的な攻撃を仕掛 けたのである。しかし、それは惨憺たる失敗に終わり、戦闘態勢の整った飛 行場に着陸したサンダーボルト乗りたちはできる限り早く地上戦闘への支援 作戦を開始した[27日、日本兵は銃剣で燃料タンクを突き、手榴弾で着火さ せようとした。第73戦闘飛行隊の地上勤務者1名が重傷を負い。P-47D 1機 が焼失した]。

その夏の後半、マリアナ諸島は米軍の手に落ち、第318戦闘航空群はそこ の基地から沖縄と日本列島の日本機に対する作戦に参加する機会を得た。 同航空群随一のエースは、1944年11月27日、サイパン島からの初期の戦闘 機掃討で、将来の総戦果6機に先立つ最初の撃墜を報じた第19戦闘飛行隊 のスタンリー・ラスティック中尉であった。戦闘航空群は8機撃墜を報じたが、 P-47Dで飛んだラスティックは零戦撃墜1機を報じたのである。

P-47Dの航続距離の短さから、第318戦闘航空群の行動は中部太平洋の 一部に限られ、ありとあらゆる航空兵力による抵抗が数週間のあいだに掃滅 されてしまったため、この時期、空戦による戦果はきわめて希であった。なん とかして敵機を見つけようと、1944年11月、第318戦闘航空群は、航続距離 の長いP-38Lをわずかに配備され、小笠原諸島と、トラック諸島、硫黄島への 護衛作戦に数回参加し、ほんのわずかな数の「貴重な」敵機に巡り会ったと記 録されている。

しかし、第318戦闘航空群、第333戦闘飛行隊の威名も高きエース、ジャッ ジ・ウォルフ大尉はライトニングでいくらかの戦果を報じた。かれはP-47によ る不時着で負傷、1944年の4月から1945年の1月までの8カ月間療養していた 時期を除いて、1942年から1945年まで、同航空群とともにいた。ウォルフは、 1945年2月10日、硫黄島に対するもうひとつの作戦時、眼下の雲中から上昇 してくる一式陸攻2機を発見。すぐ、この護衛もない敵機の後方に回り込み、

最初の日本本土攻撃で戦果を収めた者のひとり、第 21戦闘航空群、第531戦闘飛行隊の6機撃墜のエー ス、ハリー・クリム少佐。

両爆撃機を最小限の手間で冷静に撃墜したのである。この2機撃墜は中部太平洋におけるP-38によるわずかな戦果のひとつになった。次いで第318戦闘航空群が素晴らしいP-47Nに装備を更新すると、5月から6月にかけて、6月10日に鹿児島湾の北方で撃墜した零戦、紫電改各2機を含む、さらに7機の日本機がウォルフの銃弾に倒れることになる。

　航続距離の長い、サンダーボルトのN型が最初にサイパンに到着したのは1945年3月、そして、その月の末、第318戦闘航空群は沖縄の北西沖にある伊江島という小さな島へと移動した。この移動によって部隊はさらに日本本土に接近し、同時にハワイからマスタング戦闘機を装備した第15、第21戦闘航空群が硫黄島へと進出した。

　前線に到着すると、準備もそこそこに硫黄島で苦闘する海兵隊への地上支援はもちろん、本当に遠い目標への作戦をも行うことになった。特に第15、第21戦闘航空群の到着は、よほど日本軍の注目を惹いたに違いない。3月26/27日の夜、中飛行場の宿営地は約300名の日本兵の奇襲を受け、一時そこに展開していた第21戦闘航空群が蹂躙され、第531戦闘飛行隊長を含む11名の操縦者が死傷した［地上勤務者を含む第21戦闘航空群の損害は、戦死15名、負傷50名だった］。

　この一時的な不幸にもかかわらず、4月7日、第21戦闘航空群は、第15戦闘航空群とともに、日本本土に対する最初の超長距離作戦に参加することになった。少なくとも106機のP-51が、東京の中島飛行機発動機工場を襲うB-29「超空の要塞」を護衛する任務についた。この作戦は従来、第VII戦闘航空軍団が、これまで単発戦闘機で行ったいかなるものよりも甚だしく長時間であり、参加した操縦者の多くが、その意義を呑み込んでいた。変わりやすい天候と、攻撃に対して日本軍がどんな反応を示すかもわからないこともまた、操縦者たちの心を脅かしていたが、結局、かれらの恐れは杞憂に終わったのである［4月7日、第15、第21戦闘航空群と（約80機）は、第73爆撃航空群のB-29、107機を護衛して中島飛行機・武蔵製作所を攻撃。第21戦闘航空群の一部（約30機？）は、第313、第314爆撃航空群のB-29、194機を護衛、三菱工業名古屋発動機製作所を攻撃。第VII戦闘航空軍団P-51総出撃機数は107機。目標到達機数は96機だった］。

　航路途中の天候は理想的ともいえるほど良好で、日本軍の邀撃機は明らかに米陸軍航空隊を優位から攻撃しようと、5400mで巡航していた爆撃機の飛行高度よりもずっと高いところにおり、マスタングの操縦者たちは上空に敵機の飛行機雲を認めた。

　飛行機雲を見上げていた者たちのひとり、古参戦闘機乗りであるジム・タップ少佐は、第VII戦闘航空軍団の他の操縦者たちの多くと同様に第15戦闘航空群の第78戦闘飛行隊に2年以上も属し、1942年中期以来、ハワイの他の操縦者とともに臨戦態勢のまま長々と待たされていた。かれは上空の敵機の動きを追いながら、東京に向かって進む大編隊の眼下に後方に流れて行く雪をいただいた富士山に数秒間注意を向けた。

　何分間か、米陸軍航空隊を追跡していた日本機はとうとう強襲を決意、それに応えてタップは直ちに行動に移った。P-51D-10 44-63984（同機を以て、かれの全戦果8機を落とすことになる）で飛んでいたかれはすぐにキ45二式複戦「屠龍」をぴったり照準に捉え、距離360mから発砲しながら衝突寸前まで接近した。広大な中部太平洋をずっと空しく哨戒してきたジェイムズ・タップ

第15戦闘航空群、第78戦闘飛行隊のジェイムズ・タップ少佐は、1945年4月から5月にかけて、日本上空で撃墜8機を報告した。その多くはこのP-51D-20 44-63984で達成した。

はとうとう実戦の機会を掴み大いに意気をあげた。かれは、獲物が墜落したかどうかなどにはさして関心がなかったので、不確実撃墜と報告したが、これは後に確実撃墜に昇格した[4月7日、53戦隊から空対空特攻隊である震天隊の二式複戦4機が出撃。損害は不時着大破2機。富士山付近まで進出して邀撃に当たった302空の月光(3機喪失)の誤認とも思われる]。

つづく数分間でかれが射撃した3機も、その後の運命は疑いもないものであったが、戦後数年たってから、次のように書き残している。

「わたしが掩護位置へ戻ったとき、オリーヴドラブ(緑褐色)に塗った三式戦が1機、攻撃してきた。今回は、少し低速で敵機の後方に着こうと決意した。左側、後方15度の角度から接近した。約300mの距離から発砲、すぐに命中弾を得、敵機は燃え上がった。敵機のすぐ左側を飛び抜けると、機内で操縦者が炎に包まれているのが見えた。小隊の4番機、ボブ・カーは、その男が脱出したのを見、かれのガンカメラにその映像が写っていた[P-51の射撃で被弾、炎上する機体から落下傘降下した244戦隊の木原喜之助伍長機と思われる]。

「三式戦をうまくやっつけると、まずは対進攻撃の態勢で現れた百式司偵1機を見つけた。我々は、情報将校から百式司偵がロケット弾、あるいは白燐爆弾[夕弾のことと思われる]で、爆撃機編隊の前方から攻撃をかけて来たことがあると聞いていた。二式複戦と、三式戦との交戦で、我々は高度を失っていた。わたしと他の2機は、高度を速度に転換することはできなかったので、百式司偵への距離を詰めるために、出力を上げた。高度5400m以下に降りていたので、マスタングのエンジンは過給器の回転を自動的に低くしており、我々は空中で停まってしまったように感じた。P-51は自動可変過給器をもっているのだ。つまり、上昇するとキャブレターの吸気口の気圧計が作動して、高度4800mから5400mの間で、過給器の回転が低から高に転換されるのである。百式司偵への距離を詰めて行くことができなかったので、わたしは射程外からの射撃を試みた。攻撃は敵機の前方45度付近から始まり、この時点でわたしの機は90度の角度にいた。百式司偵は非常に高速だったので、わたしは大きな見越し角度をえるために、機体をほとんど垂直に傾けて旋回しなければならなかった。その結果、標的はわたしのP-51の鼻先から見えなくな

この第318戦闘航空群、第333戦闘飛行隊のP-47Nは、1945年の伊江島でも、もっとも際どいノーズアートを描いた機体で、その愛称[2 BIG and Too HEAVY(トゥー・ビッグ・アンド・トゥー・ヘヴィー)]は機体その物と、ノーズアートについての一言である!

日本へ向かうB-29を護衛中に撮影された、第21戦闘航空群、第48戦闘飛行隊のP-51D-20 2機。(Ron Witt via Jim Crow)

った。焼夷弾が数発当たったのは見えたが、うまくやれたかといえば自信はない [4月7日、6機で出撃、P-51に4機を撃墜された28戦隊の武装司偵（機首に20㎜砲2門を搭載、または37㎜上向き砲1門を追加）と思われる]。

「そのとき、無塗装の一式戦が誰かの後方に着いているのを見つけた。わたしは真横から追跡に入り、射程300m、90度の見越し角度から射撃をはじめ、敵機の後方近距離に迫るまで撃ちつづけた。追い抜きざま命中弾を与え、一式戦から破片が飛ぶのを認めたが、発火はしなかった。その一式戦は横転、急角度で降下旋回に入った。フィル・マハーはその一式戦がそのまま地面まで落ちたのを見ていた [4月7日、18戦隊または、244戦隊の三式戦、あるいは70戦隊の二式単戦との誤認と思われる]。

「一式戦を片づけたとき、我々の方に直進してくる日本機6機が見えた。左からやって来た4機編隊は零戦だった。右から来た2機は二式単戦だと思ったが、おそらくはN1K紫電改か、その系統の戦闘機だっただろう。陸軍の二式単戦2機が、海軍の零戦4機と一緒に来るはずがない。わたしは右から来る1機に対進攻撃を行った。450m付近から射撃開始。わずか数秒ですれ違った。敵機のエンジン、機体と左翼に閃光がひらめくのを見た。最初は、敵が撃ち返して来た20㎜機関砲の発射火光だと思ったが、それにしては少し主翼から離れすぎており不審に感じた。すれ違うやいなや、敵機は左に急旋回、わたしは高速で上昇旋回に入った」

マハーはまたもや、この戦闘機が左翼を失った状態で墜落して行くのを目撃し、戦意騰がるタップに燃料が乏しくなったと報告した。タップは残り5機の日本機をも落としてやろうとしていたが、作戦目的と残燃料の状況を重く見て、集合地点に戻ることを選んだ。タップ少佐は、初めての戦闘で撃墜4機を報じ、後に第7航空軍で最初のエースとなった。

第21戦闘航空群は日本への護衛任務を首尾良く果たし、日本戦闘機5機撃墜を報じた。米軍の損害合計はB-29喪失5機、1機のP-51が高射砲で撃墜され、もう1機が燃料切れで着水したが、操縦者は米海軍駆逐艦に救助された [4月7日、東京では2機のB-29が対空砲火で墜落、1機が空対空爆弾で墜落、被弾69機。名古屋ではB-29、1機が対空砲火で、1機が戦闘機の攻撃によって墜落、被弾機数は不祥。第15戦闘航空群は撃墜19機を主張。第21戦闘航空群は撃墜7機を主張。P-51が2機（戦死1名）失われた。日本側損害、陸軍は、名古屋で二式複戦3機、四式戦1機喪失。東京では、三式戦7機、四式

これも護衛中の撮影。このP-51D-20は第15戦闘航空群、第47戦闘飛行隊のマーキングを施され、排気管の下に「スキート」[とっぽい奴] の愛称が見える。

1945年春、超長距離作戦のため伊江島を離陸する第464戦闘飛行隊のP-47Nをとらえた、画質は標準的だが、珍しい写真。その日の作戦目標にもよるが、操縦者は基地に帰ってくるまで8時間もサンダーボルトの操縦席から出られなかった。

戦3機、5式戦1機、武装司偵4機(5機?)、機種不明の双発機1機、計20機を喪失(うち少なくとも8機はB-29に体当たり。戦死21-24名)。海軍は東京で、302空の雷電は延べ38機。601空は零戦12機。横空、252空は零戦、計13機で邀撃。302空の月光3機、雷電、彗星、各1機(戦死7名、重傷2名)、601空零戦2機(B-29体当たり戦死1名、落下傘降下1名)他、零戦2機、計9機。海軍の名古屋での損害は不詳]。

　ちょうど12日間、第531戦闘飛行隊の指揮官を務めたハリー・クリム大尉は三式戦、二式複戦各1機撃墜を報じ、かれは終戦までに6機撃墜を報じて、飛行隊一のエースとなった。

　1943年に第14戦闘航空群で、P-38による戦闘服務をこなし、地中海戦線の終焉まで第37戦闘飛行隊を率いた古強者、ハリー・クリムは1944年8月に第21戦闘航空群、第72戦闘飛行隊に作戦将校として赴任した。第531戦闘飛行隊長、H・ハドソン少佐が3月26/27日、硫黄島の中飛行場への奇襲で負傷すると、かれは慌ただしく後任として転属になった。

　米陸軍航空隊の第一線戦闘機のほとんどを、戦闘あるいは訓練教官として乗りこなしてきたハリー・クリムは各戦闘機の特徴、優劣をうまく比較できた。かれはP-51とP-38の両機種を激賞、これら米陸軍が保有していた最優秀戦闘機2種で飛べたことを幸運と見なしていた。クリムは海上を長く飛ぶ護衛任務の際、P-38ならエンジンがふたつあることで、操縦者は心理的な安心感を得られるが、マスタングのパッカード・マーリンエンジンにも心許なさを感じることはほとんどないとしている。

　また、本土上空で敵機に遭遇してみるとすぐ、戦闘編隊を保持しやすいのがマスタングの値打ちだと賞賛するようになった。僚機を連れずに戦闘区域に留まるのは匹夫の勇であり、この飛行機は戦闘機としての本当の優秀さを持っている、というのが、かれの持論である。

沖縄のP-47戦闘機
Okinawan P-47s

　第318戦闘航空群は1945年5月から6月にかけて、1944年10月、太平洋戦線の基地から超長距離作戦を敢行するために新しく編成された第507、第413戦闘航空群と合流した。しかし、1945年5月、伊江島についてみると、かれらの最優先任務は、沖縄本島でまだ戦っている日本陸軍と凄惨な白兵戦を演じ、苦闘している米地上部隊の支援であった。最後の抵抗拠点が掃討されてはじめて、両戦闘航空群と第318戦闘航空群によって、超長距離掩護作戦が遂行された。最初の作戦が行われたのは1945年5月の末である。

　本戦域の経験豊かなP-47部隊として、第318戦闘航空群でもP-47Nによるまとまった戦果があがりはじめた。実際、同部隊の操縦者たちは護衛戦闘機乗りとしての優秀さを示し、5月下旬、ちょうど一週間の戦闘で、サンダーボルト3機の喪失と引き替えに撃墜48機を主張した。

　とくに大戦果をあげた作戦がふたつある。第318戦闘航空群は珍しくB-29の護衛というお荷物なしで、日本上空に出撃できるという希な機会に沸き立っていた。5月25日、戦闘航空群は九州南部に対する広域戦闘機掃討を実施し、第19戦闘飛行隊は特に大きな戦果を報じた。九州、沖縄間を遊弋する米海軍艦艇に対する一連の神風攻撃に対する激烈な邀撃戦闘で日本機撃墜20機以上が報じられたのである。

リチャード・アンダーソン中尉と、レオン・コックスは奄美大島沖で零戦の大編隊に襲われ、戦闘を堪能した。コックスは3機撃墜を報じ、アンダーソンはさらに2機余分に落とし、第7航空軍における初めての「即日エース」となった。かれはこの空戦以外では撃墜戦果を報じていない。スタンリー・ラスティック中尉もまた、沖縄の北西80km地点で3機の日本戦闘機と交戦、11月に報じていたかれ唯一の戦果に、一式戦3機を追加した。

ふたたび大戦果をあげたのはちょうど72時間後、目標に向かう神風を、その途上で捕捉、さらに17機を撃墜したときであった。ジョン・ヴォークト大尉は自分の小隊を率い、九州の沿岸で、30機からなる零戦の編隊に突入、2番目の「即日エース」となった。かれはこの交戦で日本戦闘機5機撃墜を報じ、6機目は不確実撃墜として公認された。スタンリー・ラスティックもまた戦果をあげ、三菱戦闘機2機撃墜を報じて、自己の最終戦果を6機にした。

第318戦闘航空群の、もうひとりのエース、第19戦闘飛行隊のウィリアム・マティス中尉も、この日、鹿屋基地への戦闘機掃討中に遭遇した零戦3機撃墜を報じ、初戦果をあげた。かれは6月22日、喜界島の沖でさらに零戦撃墜2機を報じ、同戦闘航空群最後のエースとなった。

第333戦闘飛行隊も5月28日、沖縄沖で特攻機3機の撃墜を報じた。うち1機の撃墜を公認されたジャッジ・ウルフは6月10日までに、P-47Nをもってさらに6機撃墜を報じることになる［5月28日、第6航空軍は33機の戦闘機に掩護された57機の特攻機を投入、沖縄の米艦隊を攻撃。その後、第8飛行師団は天候が許す限り、連日特攻機を投入したが、6月中旬、沖縄攻撃「天号作戦」を終了した］。

日本本土上空でのエース
Aces over Japan

伊江島への第318戦闘航空群同様、1945年4月、硫黄島の第21、第15戦闘航空群へも、P-47Nをもつ新編成の第506戦闘航空群が増強された。すぐにB-29による日本空襲の護衛任務を課せられ、この新着部隊は超重爆による作戦が夜間爆撃に転換されるまで、日常任務としてそれを継続した。その後は、護衛任務が不要になったため、戦闘機はもっと自由度の高い、航空群独自の日本上空への戦闘機掃討任務が与えられた。この戦術転換は、爆撃機から解放された第VII戦闘航空軍団の操縦者たちに多くのチャンスを与えた。

1945年4月の残りの日々、硫黄島を基地にするマスタング乗りは護衛と、自由掃討任務をふたつながらにこなし、マスタング17機喪失の見返りに、日本機撃墜50機を報じた。この月、報じられた撃墜のうち2機はジム・タップ少佐の手にかかったもので、かれは魅惑的な「5機撃墜」を果たし、第15戦闘航空群のみならず、第7航空軍で初のエースとなった。

「7日に、わたしの4機撃墜を祝った数日後、4月12日、ふたたび出撃した。今回は、若手の操縦者を何名か同行させたが、問題は他にもあった。また東京への護衛任務だ。我々は攻撃機に遙かに先行して合同地点についてしまい、燃料使用配分の目算見がご破算になったのだ。大気は煙霧に満ち、視界を限定していた。途中、後続の飛行機はまったく見えなかった。交戦したのは、爆撃の帰途を護衛中、一度だけだった。わたしは三式戦1機を発見、あざやかな旋回で、後方に回り込み、たちまち発火させたのである。5機目の撃墜戦果だ。運悪く、三式戦を撃っているとき、僚機フレッド・ホワイト中尉が、わた

この第15戦闘航空群、第45戦闘飛行隊のP-51D-20 4機は機首に同じノーズアートを描き、その前方に個人名を書き入れている。1945年中頃、B-29の護衛任務中の撮影。(Michael O'Leary)

しの下方を過ぎった。かれの機は、吸気口から空薬莢をいくつが吸い込み、それが明らかにラジエーターを傷つけたらしい。海岸線を越え、集合地点に針路を転じた頃、編隊長はかれの機体から薄い煙が出ているのに気づいた。それが、インタークーラーの横から漏れているなら、我々はなんとか基地まで連れて帰ろうと決意した。何があってもずっと同行できるように、わたしはかれの翼端に並んで飛んだ。救命潜水艦と、スーパーダンボ〔SB-29。ボーイングB-29を改造した大型救助機〕がいる航路の半ばに近づくと、かれのエンジンは排気管から断続的に煙を噴出し、停まった。いずれ脱出することになると思っていたかれは、その準備にとりかかった。風防を飛ばすと、かれは急に前屈みになったように見えた。ついで、立ち上がり、横倒しになると、機体から離れた。たくさんの目撃者がいたにも関わらず、かれは見つからなかった。我々は大きく旋回したが、燃料が乏しくなったため基地に針路を転じた。我々はスーパーダンボと連絡をとり、付近を捜索してもらったが、何も発見できなかった」

〔4月12日、B-29未帰還機なし。マスタングは4機が未帰還(戦死3名)となった。日本海軍は戦闘機6機喪失。陸軍は操縦者の戦死8名〕

　長い間海上を飛ぶ、危険な長距離作戦がマスタング飛行隊を脅かしていた。戦闘によるわずかな損傷でさえ、数時間に渡って、何百マイルもの海上を飛ばなくてはならない操縦者にとっては無視できないことだった。航路の天候も気懸かりで、事実、6月1日の大阪への作戦では、悪天候の中に突入した148機のマスタング中、27機が墜落したこともあった。その後、救助された操縦者は2名で、あとは行方不明となったのである。だが、生き残りのうち27機のマスタングは好天の空へと突破し、爆撃機の護衛をつづけ、日本機撃墜1機を報じた。マスタング戦闘航空群で勤務していた操縦者たちの心意気を、この作戦が物語っているといえる〔6月1日、B-29喪失10機(高射砲5機、空中衝突2機、故障2機、原因不明1機)、日本戦闘機の攻撃で4機が損傷。独飛82中隊の百式司偵1機がB-29に体当たりした(戦死2名)他、損害未確認〕。

　そんな戦意を豊かに備えている者のひとりが、第7航空軍随一のエース、ロバート・「トッド」・ムーア少佐であった。1944年初期、マーシャル諸島、アルノ環礁への長距離侵攻で第15戦闘航空群、第45戦闘飛行隊のP-40Nで希な戦果をあげていた。1943年の前半に、もともと第15戦闘航空群に配属されて

いたかれが、第78戦闘飛行隊に戻って来るまでに、同隊はP-51D-20を以て、硫黄島から2600kmの周回航路を回る「長距離偵察作戦」を始めていた。

　ムーアは4月7日、最初の超長距離作戦に参加、東京に近い、銚子岬上空で零戦三二型撃墜2機を主張した。かれはこれにつづいて、15日後、第5回目の超長距離作戦で一式戦撃墜1機を報じ、5月25日、柏飛行場上空で零戦2機撃墜を報じ、エースとなった。その後、第45戦闘飛行隊に戻ったムーアが初めて参加した作戦は、5月28日［29日？］に行われた部隊の第2次作戦で、かれはこの戦いでもっとも素晴らしい戦果を報ずることとなった。

　101機を数えるマスタングが400機のB-29を護衛して、港湾都市、横浜を襲った。帝国海軍の厚木基地に近づいて行くと、P-51D-20 44-63483号機に乗ったムーアはすぐに爆撃機の群に向かってくる、これまでの超長距離作戦では出会ったこともないほど大きな敵邀撃機の大編隊のひとつと命がけで戦わなくてはならないことを悟った。かれの小隊は、超重爆の先頭編隊を護衛しており、順当に先陣を承った。雷電の3機編隊に照準を合わせ、教科書のお手本のような見越し射撃で1機を落とし、短時間の追跡後、一連射で2番目の雷電の撃墜を報じた。小隊を集合させたムーアは、B-29上空の所定位置へ戻った［5月29日、墜落したのは302空の雷電、寺村大尉機、黒田二飛曹機と思われる。両名とも落下傘降下］。

　15分後、横浜の直上で、ムーアはかれの右側を飛び去り、下方のB-29への降下態勢にある紫電改2機を発見、かれはただちに襲いかかった。1機は逃げ去ったものの、もう1機は引き起こし、急速にマスタングへの距離を詰め、発砲した。だが射撃の腕はムーアのほうが上だった。狙い澄ました2連射でN1K2-Jは引き裂かれた。15分ちょっとの時間で、最新型の帝国海軍戦闘機3機を撃ち落とし「トッド」・ムーアは第15戦闘航空群のトップエースとなり、そ

原爆投下の2日後、伊江島にきちんと駐機され、突然、戦争が求め、驚くべき結果に終わりがちな、次の作戦任務を待つ第348戦闘航空群のマスタング（Michael O'Leary）。

の後もその地位が揺るぐことはなかった［筑波空所属の紫電かもしれないが、302空零戦も5機未帰還。5月29日、第15、第21戦闘航空群は日本機撃墜29機を主張。P-51喪失3機（目標上空で失われたのは2機）。B-29喪失7機（戦闘機の攻撃が3機、体当たり1機、不時着水2機、不詳1機）］。

　5月29日には、もうひとりのマスタング乗り、第531戦闘飛行隊の指揮官、ハリー・クリム少佐も東京の南部、房総半島沖で零戦2機を撃墜、もう1機を損傷させたと報じ、自己戦果を2倍にした［5月29日、戦闘308、戦闘310の零戦約60機が木更津東方でP-51と交戦。零戦喪失3機（落下傘降下2名、戦死1名）。この日、赤松貞明中尉が第45飛行隊のP-51、ラファス・ムーア少尉（戦死）機を撃墜している］。

　かれの5機目の戦果、一式陸攻1機は7月1日、東海道にある浜松飛行場への超長距離作戦時に、6機目、最後の戦果はその5日後、相模湾上空で遭遇した零戦1機を撃墜、さらに3機に損傷を加えた際に報じられた。

　マスタングでの戦果は5機に達しなかったものの、1943年4月18日にP-38を率いて山本五十六提督の一式陸攻を撃墜した「デリンジャー作戦」で有名になったジョン・W・ミッチェル中佐は、6月に第15戦闘航空群の本部小隊の一員としてP-51Dで戦果を収め、その後、短期間だが第21戦闘航空群に転属、ふたたび第15戦闘航空群に戻り指揮官となった。1943年2月2日以来、1機も落としていなかったにもかかわらず、ミッチェルはすぐに空戦の勘を取り戻し、6月26日に零戦1機、7月16日、さらに紫電改2機を戦果に加えた。これによって、ミッチェルの大戦中の最終戦果は11機に達したが、かれは1953年、第51戦闘航空群の指揮官として、朝鮮半島でミグ15戦闘機4機撃墜という戦果を報ずることになる［6月26日、名古屋付近への爆撃。B-29喪失4機（高射砲3機、原因不明1機）。第15戦闘航空群のP-51は三式戦、零戦各1機撃墜を主張。246戦隊の四式戦、B-29撃墜6機を主張（うち体当たり2機）。四式戦喪失2機（戦死2名）］。

最後の戦果
Last Victories

　8月になり、戦争が残すところ数週間となっても、第Ⅶ戦闘航空軍団の操縦者は、いまは手慣れた日常勤務として日本本土への戦闘機掃討作戦を行っていた。この大戦最後の月、さらに赫々たる戦果をあげた者のひとり、1944年10月24日にP-47Nを配備された第413戦闘航空群、第34飛行隊の指揮官カール・パイン中佐は、実際、印象に残るようなことはほとんどなかった中部太平洋から、6月14日に部下を率いて伊江島にやって来た。事実、この飛行隊が対日戦勝日までに報じた撃墜は3機だったが、うち1機は飛行隊指揮官が8月8日に、九州の八幡上空で撃墜を報じた零戦1機であった。これは1942年から43年にかけて、地中海戦線の第31戦闘航空群、第309戦闘飛行隊でスピットファイアを飛ばし、早々にエースとなっていたかれの6番目、そして最後の戦果であった［8月8日、八幡上空では空戦では撃墜4機が報じられたが、P-47が4機（戦死3名）とB-29が1機撃墜された。第Ⅶ戦闘航空軍団はその他に4機と操縦者2名を喪失］。

　2日後、第Ⅶ戦闘航空軍団随一のエース「トッド」・ムーア少佐は、この戦争における最後の戦果を報じた。かれは5月後半にあげた3連続戦果以来、また2機撃墜を報じ、1カ月の休暇をとっていた。7月19日、第45戦闘飛行隊に戻

ったが、8月10日、東京を襲う爆撃機の護衛に戦闘機を率いて出撃するまで敵機に遭遇しなかった。目標の近くで、わずかな数の邀撃機が爆撃機への攻撃を試みたが、護衛のマスタングにあっさり撃退されてしまった。ムーアは攻撃してきた敵機のうち、二式単戦1機を撃墜、さらに2機を損傷させたと報じ、自己総戦果を12機とした［8月10日、第506戦闘航空群のP-51は東京上空で7機撃墜を主張、損害はなかった。70戦隊、二式単戦喪失2機（戦死、落下傘降下）。18戦隊、五式戦2機喪失（戦死／離陸失敗、落下傘降下）、1機不時着、被弾機多数］。

宣伝のため、1945年8月13日に即日エースとなったオスカー・バードモ中尉と握手してみせる、リパブリック社の首席テストパイロットのフランク・パーカー。(Flores)

10日、第506戦闘航空群は東京上空でさまざまな戦闘機掃討を行い、第457戦闘飛行隊、エイブナー・オースト大尉が、同航空群唯一のエースとして、その栄冠を得た。7月16日午後、名古屋南方、津市の沖〔伊勢湾〕で目まぐるしい格闘戦を演じ、四式戦を少なくとも3機を撃墜、さらに2機を損傷させたオーストは、8月10日の朝遅く、かれのP-51Dを以て、東京の上空で零戦2機を撃墜、3機目を損傷させた［7月16日、第21、第506戦闘航空群のP-51は25機撃墜を主張。交戦したのは111戦隊の五式戦。五式戦5機喪失（戦死3名）。第457戦闘飛行隊はP-51D 1機喪失（戦死）。撃墜したのは檜與平少佐。246戦隊の四式戦4機も交戦、2機が撃墜されて両名とも落下傘降下、1機（戦隊長機）が被弾不時着した。詳細は本シリーズ第6巻「日本陸軍航空隊のエース1937-1945」を参照］。

2発の原子爆弾が広島と長崎に投下された後、日本国の天皇裕仁が無条件降伏を公表する2日前、第Ⅶ戦闘航空軍団は、この長い戦争最後の大規模な空戦に巻き込まれた。8月13日、第507戦闘航空群のP-47N 53機が、作戦「507-35号」を遂行、これは朝鮮半島の京城（ソウル）へ、日本陸軍航空隊最後の生き残りを探しに行く任務であった。P-47の編隊のうち、目標上空に到達したのは、第463、第465戦闘飛行隊が各12機、第464戦闘飛行隊が14機の計38機であった。

幼い息子にその名前を授けられ戦果を誇るかれのP-47Nの上で、得意げにポーズをとるバードモ中尉。(Wolf)

4時間以上もの飛行の後、京城上空に到着、サンダーボルトの操縦者は50機以上もの敵機が高度2400m付近を乱舞しているのを発見し、長い飛行時間は報われた。つづく15分間で、米戦闘機隊は20機以上の敵機の撃墜を報じた［当時、金浦(キムポ)飛行場は戦闘2個、重爆1個戦隊で混雑してたうえ、手違いで離陸命令が遅れていた］。

最初に撃墜された一式陸攻は第465戦闘飛行隊のエド・ホイト大尉が報じた戦果で、1944年3月、ニューギニアの第35戦闘航空群、第41戦闘飛行隊で4機撃墜を報じていたこのP-47操縦者にとっては5機目の戦果で、第507戦闘航空群には初めてのエースを誕生させたというふたつの意味で重要な戦果であった。数分のあいだに、同戦闘航空群はふたり目のエースを獲得することになる。

一式陸攻の墜落を見つつ、第464戦闘飛行隊の指揮官ジェイムズ・T・ジャーマン少佐は一式戦と思われる機影を発見、自分の小隊を率いて、その後方へと降下していった。しかし、交戦に入る前に、さらに3機が近くの雲の中から出現した。指揮官にしたがっていた3機のうちひとり、6月、伊江島到着後真っ先に敵機と交戦したP-47N-2 44-88211号機のオスカー・パードモ中尉はいち早く戦闘に突入した。以下は、かれの戦闘報告書である。

第45戦闘飛行隊の「トッド」・ムーア少佐はかれの総戦果12機のちょうど半分をこのP-51D-21 44-63483を使って落とした。

「わたしはスロットルを押し、水噴射で、プロペラの回転数を毎分2700回転にまで上げた。一式戦を捕まえると、最後尾機をジャイロ式照準機で捕捉、翼長に合わせ照準機を調整した。このとき、敵機はかなり間隔の開いたV字形編隊で飛んでいた。射程に入って発砲すると、銃弾が敵機の機首と操縦席に集中して行くのが見えた。エンジンで何かが爆発し、炎を噴出した。敵機が右側に落ちて行くまで、わたしは撃ちつづけた。すぐ2番目の敵機に機首を向け、約30度の角度から見越し射撃を行った。敵機のエンジンカウリングの下方から炎がほとばしり、何か部品が飛散するまで撃った。射撃を止めると、敵機はゆっくりと横転し、大地に真っすぐに落ちて爆発した」

立て続けに2機を仕留めたパードモは3機目を探した。索敵が長引くことはなかった。

「敵機はわたしが撃つのに十分なだけ照準の中に留まった。敵機は180度くらい回り、高度30mあたりまで螺旋降下をつづけた。次いで、高速失速を起こし激しく震動、機体を急に左傾して大地に激突し、並外れて大きなナパーム弾のように爆発した」

自分の周囲に飛行機がいなくなったので、パードモは上昇、友軍機を求めて京城に戻って行った。しかし、かれはすぐ、周囲で行われている空戦などまったくどこ吹く風といった風情で飛んでいる2機の海軍の複葉機、横須賀K5Y九三式中間練習機に出会った。戦闘の結果は痛ましいほどに一方的であった。

「わたしは近いほうの1機を選んで射撃を開始した。たちまち、炎がほとばしった。自機の速度を落とし、ジグザグに進み、機体を滑らせた。そして、敵機

にまた銃弾を見舞った。今度の射撃は操縦者に当たったに違いない、敵機は右回りの螺旋降下に入り、高度90mから地面に激突したのである。2番目の九三中練は僚機がパードモに落とされている間に遁走してしまっていた。2機の練習機を相手にしばし寄り道をしたパードモはふたたび京城に針路を取り、上昇して雲を抜けた。密雲の上に出た途端、右、上方に3ないし、4機からなる一式戦の編隊が現れた。不利な態勢だったので、かれは即座に敵機の方へと旋回し、機首を落とし降下した。大地に向かう重いP-47に追随できる飛行機はない。かれは敵機に発見されていないことを願ったが、次の瞬間、敵機も同じ針路に、急降下していた。すぐに水噴射を行い、かれの後方に回り込もうとしていた敵機を引き離し、手近な雲に入り、サンダーボルトはもう敵機の後上方に入っていた。わたしが編隊に入り込むと、一式戦のうち3機は左に、1機は右に旋回していった。単機になった一式戦を追い、ジャイロ式照準器で狙った。敵機は逃げるため、単に旋回しただけだった。わたしは燃え上がるまで撃ちつづけた。速度が出過ぎていたサンダーボルトが横を追い抜いたとき、敵機は爆発した。巨大な火の玉が地面に落ちていった」

　オスカー・パードモ中尉は、第507戦闘航空群の最初で、最後の「即日エース」となった。操縦席で8時間18分後を過ごし、伊江島に戻った航空群は戦果認定にかかった。第507戦闘航空群は撃墜確実20機、不確実2機と、一式陸攻1機の地上撃破を公認された。損害はP-47喪失1機、操縦者、ダラス・イヤーゲン中尉は2日間、捕虜になっていた。

　パードモ中尉の指揮官、ジャーマン少佐は後に、かれの控えめな戦友に代わって、この大戦果について回想している。

　「伊江島に戻って着陸したとき、パードモは恥ずかしそうに、複葉機1機を入れて、5機を落としたと言った。ガンカメラのフィルムを現像してみると、かれが、他には誰もが見かけもしなかった複葉機を含む5機を、まちがいなく撃墜していることがわかった」

　オスカー・パードモの報告から、4機は一式戦として公認されたが、戦後の調査で、この4機が実際には飛行第22、および、第85戦隊の四式戦であったことがわかった。日本側は「マスタング」との交戦で四式戦11機を失い、戦死者には85戦隊長が含まれていたことを認めている［8月13日、22戦隊6機喪失（戦死4名）、85戦隊5機喪失（戦死5名）、7戦隊四式重爆1機喪失］。

　第507戦闘航空群は、8月13日の卓越した戦果に対して部隊賞詞（DUC）を授けられた。太平洋戦線のP-47部隊で、これを得たのは同航空群だけである。

　8月15日、マスタングとサンダーボルトは、この日の午後、日本が降伏することは薄々知っていたが、相変わらず日常任務に就いていた。事実、「トッド」・ムーアが率いる第45戦闘飛行隊は名古屋地区の目標を地上掃射し、そしてこの作戦が太平洋の37カ月にわたる、かれの戦歴の150回目の出撃となった。硫黄島の南飛行場に戻ると、かれは戦争が終わったことを告げられた［第VII戦闘航空軍団は8月14日、第413戦闘飛行隊のP-47（被弾着水・救助後に戦傷死）と、第78戦闘飛行隊のP-51D（作戦中行方不明）各1機を失った、これが最後の損害であった］。

付録
appendices

■太平洋戦線のP-47とP-51エース一覧

南西太平洋のP-47/P-51エース

ニール・E・カービィ大佐	22
ウィリアム・ダンハム少佐	16
ウィリアム・M・バンクス中佐	9
ウォルター・G・ベンツ大尉	8
リロイ・V・グロスホイシ大尉	8
エドワード・ロビー大尉	8
ウィリアム・A・ショモ少佐	8
サミュエル・ブレア大尉	7
マーヴィン・グラント中尉	7
ジョン・T・ムーア少佐	7
ウィリアム・H・スタンド大尉	7
ウィリアム・B・ファウルズ大尉	6
ジェイムズ・D・マゲイヴェロ中尉	6
ミード・ブラウン大尉	6
ジョージ・デラ中尉	5
マイケル・ディコヴィツキー中尉	5
ロバート・ジャイブ中尉	5
マイロン・M・ハナティオ中尉	5
ロバート・K・ナップ中尉	5
ローレンス・F・オニール中尉	5
エドワード・S・ポペク少佐	5
ロバート・C・サトクリフ少佐	5

中国・ビルマ・インド戦域のP-51エース

ジョン・ハーブスト少佐	14（合計18）
エドワード・マコーマス少佐	14
ジェイムズ・J・イングランド少佐	10
チャールズ・オールダー中佐	8（合計18）
レスター・L・アラスミス中尉	6
ジョン・ボリアード中尉	5
フィリップ・チャップマン中尉	5
ロバート・F・マールホレム中尉	5

第7航空軍のP-51/P-47エース

ロバート・O・ムーア少佐	11
ジェイムズ・B・タップ少佐	8
ジャッジ・E・ウォルフ大尉	7（9）
スタンリー・ラスティック中尉	7
ハリー・クリムJr少佐	6
リチャード・H・アンダーセン中尉	5
エドワード・R・ホイト大尉	5
ウィリアム・H・マティス中尉	5
オスカー・F・パードモ中尉	5
ジョン・E・ヴォークト大尉	5

地上撃破戦果を含む、中国・ビルマ・インド戦域のP-51エース

	空中	地上	合計（第二次大戦中）
トーマス・A・レイノルズ大尉	3 (1)	25 (6.5)	35.5
ロバート・E・リード中尉	2	14	16
ロバート・E・ブラウン大尉	2	13	15
テリー・H・ウェイドJr中尉	2	13	15
フロイド・フィンバーグ少佐	3	11	14
アイラ・ピンクレイ中尉	1	11	12
ルイス・W・アンダーソンJr中尉	3	8	11
ウェズレイ・D・ピアソン中尉	2	9	11
ポール・H・スウェットランド中尉	2	9	11
グラント・マホニー少佐	1 (4)	5	10
レスター・E・ムンスター中尉	1	9	10
ロバート・D・ウェルズ中尉	1	9	10
ウォーレン・E・フィールド中尉	4	5.5	9.5
ジョン・C・カン中尉	4	5	9
ローレン・A・ハワード大尉	-	9	9
ジョン・R・ブランズ大尉	1	7	8
チェスター・N・デニー中尉	3	5	8
ジェイムズ・B・ハリスン中尉	-	7	7
シルヴェン・E・コサ中尉	-	7	7
ヘストン・C・コール中尉	1	5	6
ケネス・G・グレンガー中尉	2	4	6
ニムロッド・ロング中尉	-	6	6
ヒューバート・ルーズ中尉	1	5	6
ノーマン・F・ニーマイヤーJr中尉	3	3	6
ジョージ・T・コラン中尉	1.5	4	5.5
ウォーレス・D・クーシンズ大尉	3	2	5
クライド・B・スローカム少佐	2	3	5
ウィリアム・H・マッキンネー中尉	1	4	5
チャールズ・W・ペレルカ中尉	-	5	5

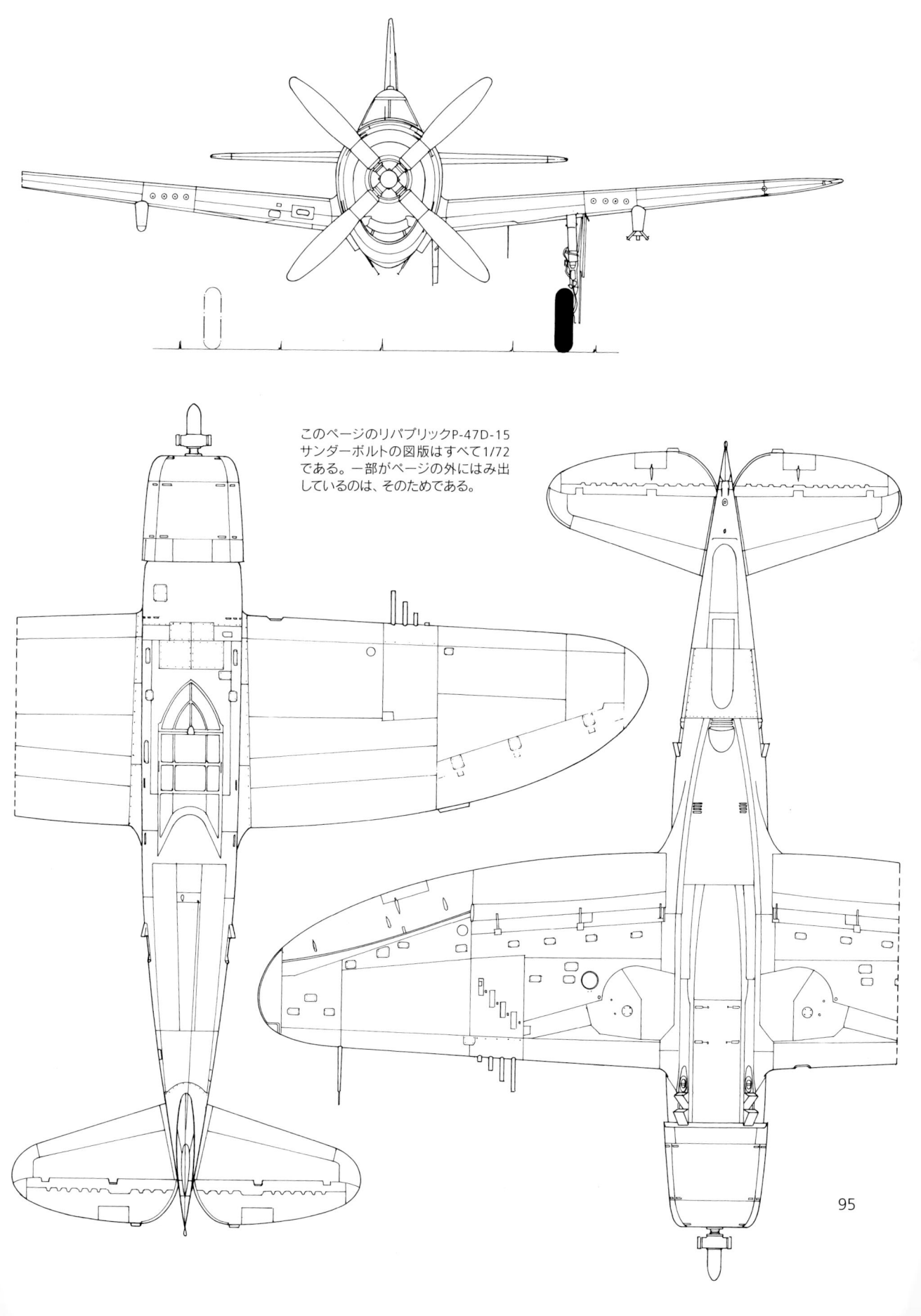

このページのリパブリックP-47D-15
サンダーボルトの図版はすべて1/72
である。一部がページの外にはみ出
しているのは、そのためである。

P-47D-15

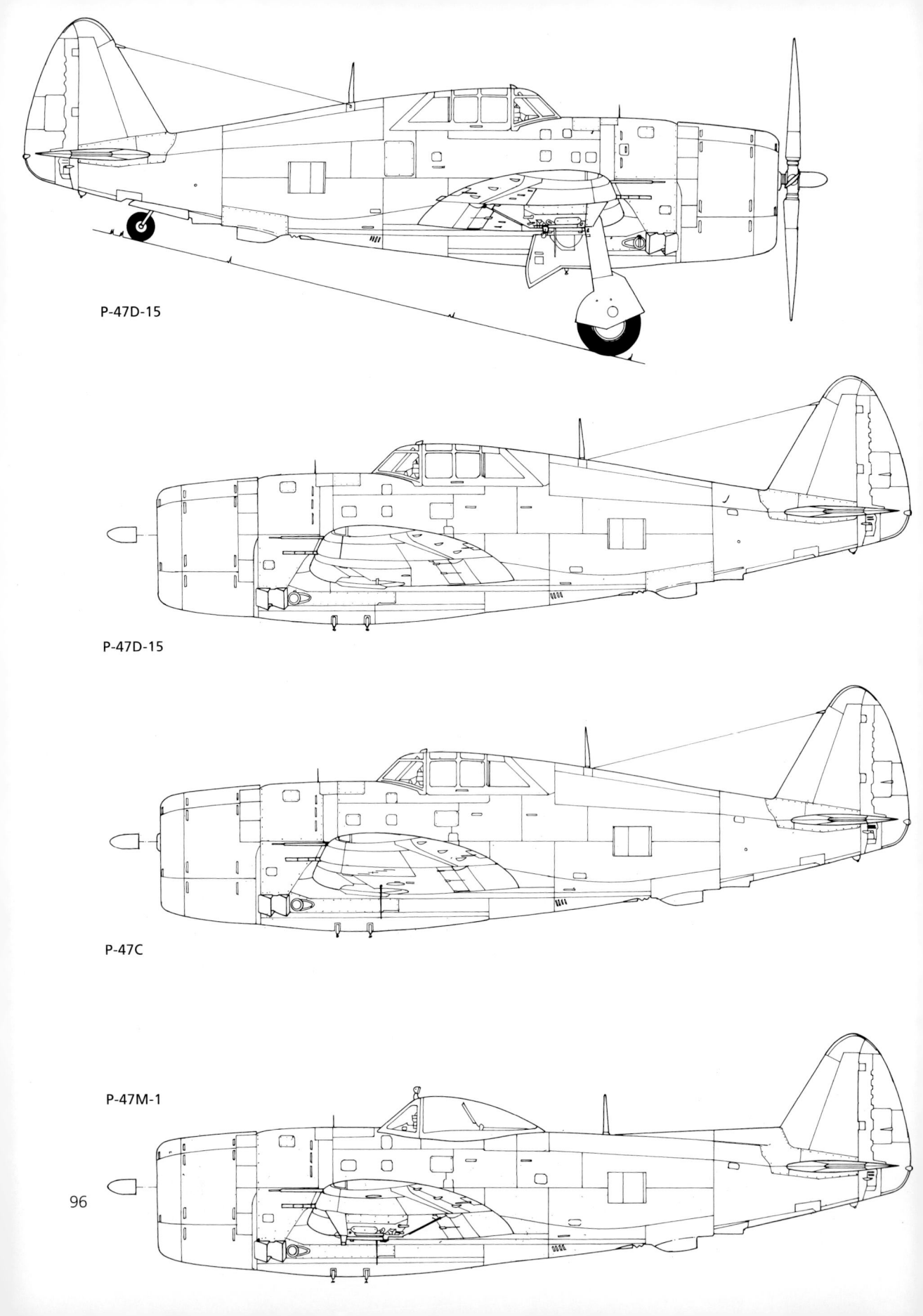

P-47D-15

P-47C

P-47M-1

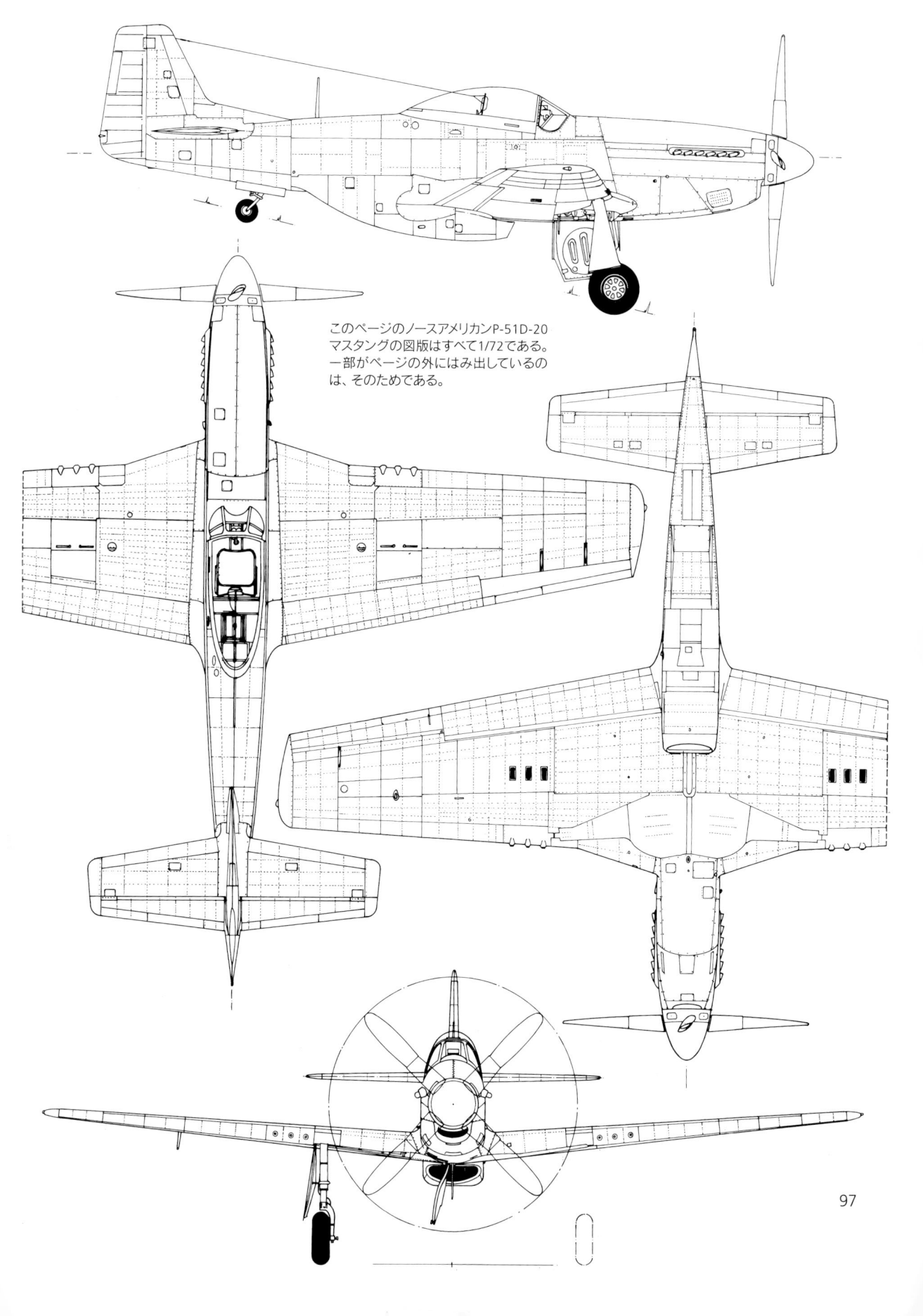

このページのノースアメリカンP-51D-20マスタングの図版はすべて1/72である。一部がページの外にはみ出しているのは、そのためである。

P-51D-20

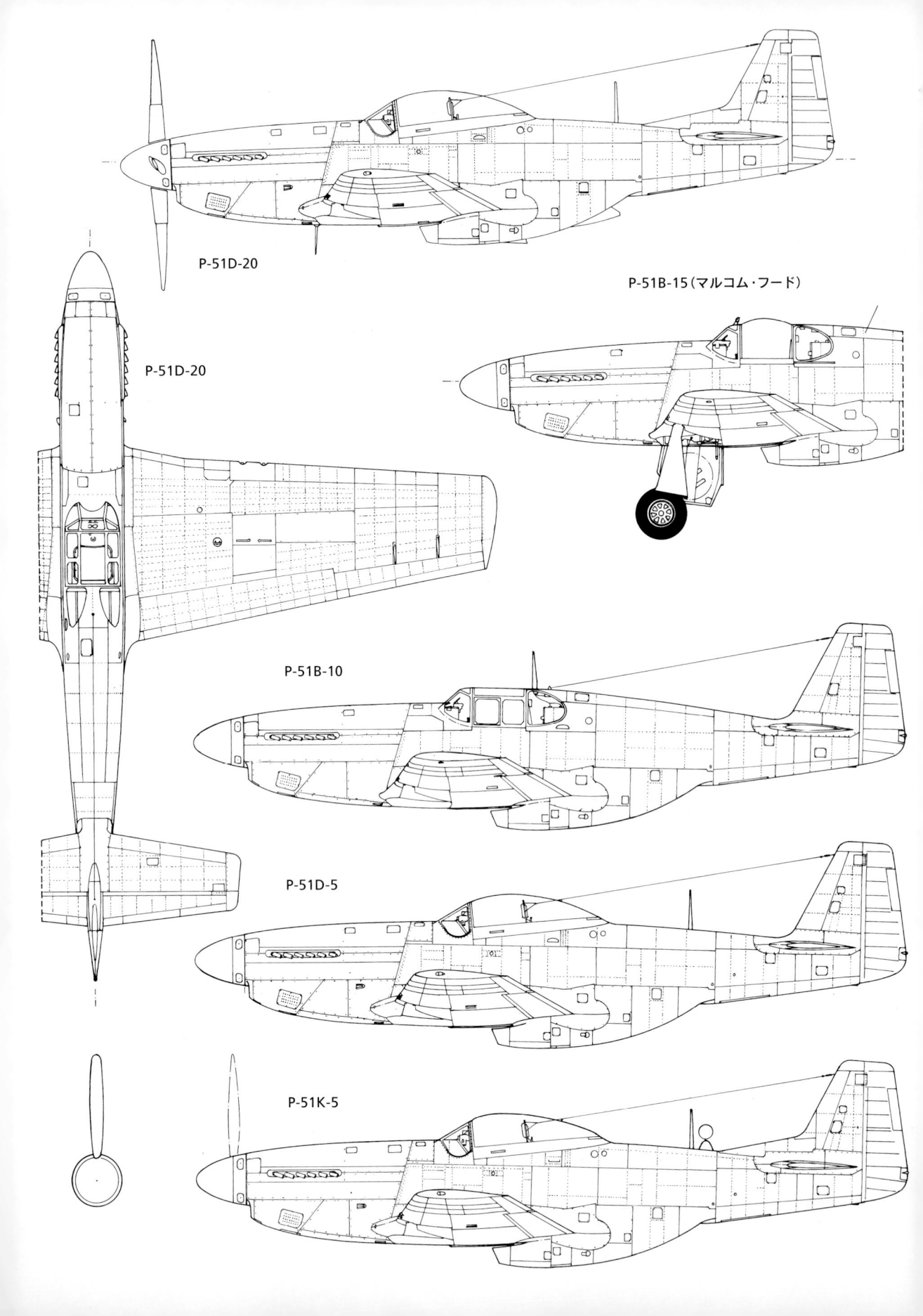

P-51D-20

P-51B-15（マルコム・フード）

P-51B-10

P-51D-5

P-51K-5

カラー塗装図　解説
colour plates

1
P-47D-2　42-8145 「ファイアリー・ジンジャー(Firey Ginger)」
1943年7月～9月　ポートモレスビー　第348戦闘航空群指揮官
ニール・アーネスト・カービィ中佐
1943年5月、ニューギニアに到着したニール・カービィはすぐに第348戦闘航空群をP-47D-2(「Fiery Ginger」[燃えるような赤毛])のファイアリー「fiery」のスペルのまちがいに注目、「Firey」と綴られている。これは後のP-47では修正された)を以て組織した。かれの初期の非公式記録によれば、議会名誉勲章を授与された10月11日の戦闘で使った2機目のP-47D-2「ファイアリー・ジンジャーⅢ世」に乗り換える前、9月に本機を以て3機を落としたことになっている。本当の初代のファイアリー・ジンジャーは1942から1943年に、米国内で行われた航空群の初期訓練中に使われた機体だった。したがって図の機体も、実際には「ファイアリー・ジンジャーⅡ世」となるべきものであった。機名は、カービィが、ヴァージニアに住む妻に敬意を表して名付けたものである。1943年11月後半、ファイアリー・ジンジャーは到着したばかりの第58戦闘航空群に引き渡された。カービィはP-47D-4 42-22668「ファイアリー・ジンジャーⅣ世」を以て22機の撃墜戦果の仕上げを行った。

2
P-47D-2　42-8096 「ミス・マット／プライド・オブ・ロディ・オハイオ(Miss Mutt/PRIDE OF LODI OHIO)」　1943年11月
ポートモレスビー　第348戦闘航空群指揮官代理
ウィリアム・リチャード・ロウランド中佐
11月7日、ロウランドはこのD-2でまちがいなく4機目、5機目の戦果を記録、おそらくその前の撃墜3機も本機を以て報じたものと思われる。戦闘に際し、ニール・カービィが作戦に参加せぬときは、しばしば第348戦闘航空群の指揮を引き受け、その結果、カービィが指揮官を降りてからも戦果をあげ続けた。

3
P-47D-2　42-8067 「ボニー(Bonnie)」　1943年10月～12月
ポートモレスビー　第348戦闘航空群第342戦闘飛行隊
ウィリアム・ダンハム大尉
「ディンギー」・ダンハムと、ニール・カービィは、第53戦闘航空群の第14追撃飛行隊のP-39でパナマ運河の警備飛行をしていた時分からの親友であった。このD-2は、まちがいなくかれが最初の7機を落とした際に使った機体である。航空群の記録によれば、第348戦闘航空群のD-2の大半は1944年1月に、D-4に改変された。

4
P-47D-4　42-22684 「ミス・マットⅡ世／プライド・オブ・ロディ・オハイオ(Miss MuttⅡ/PRIDE OF LODI OHIO)」　1943年12月
フィンシハーフェン　第348戦闘航空群指揮官
ニール・アーネスト・カービィ中佐
「ミス・マットⅡ世」は、1943年11月末か、12月のはじめにロウランド中佐に、D-2の代わって割り当てられた。目撃証言によれば、第348戦闘航空群指揮官は残り3機の戦果を、その後数カ月のあいだに、本機を以て記録した。かれが最後の戦果を報じたのは2月27日、それ以後は指揮官業務に阻まれて戦果を伸ばすことができなかった。最終戦果については、異論もあるが、最初にニール・カービィが一撃を加えたキ21を落としたとされている。その爆撃機は「撃墜王」の攻撃で致命傷を受けていたと思われるが、地面すれすれに機体を水平にし、なんとか逃れようとしていた同機の最後はロウランド機のガンカメラによって撮影されていた。かれの素早い攻撃が、爆撃機の逃走を阻み、地上に撃ち落としたのである[2月27日、第348戦闘航空群のカービィ大佐とロウランド中佐が、ホーキンス岬付近で九七重爆撃墜各1機を主張、しかし落としたのは同一の機体であったと認定された。61戦隊(九七重爆)が戦死者を出しているが、詳細は不明]。

5
P-47D-11　42-22903 「"キャシー"／ヴェニ・ヴィディ・ヴィシー("Kathy"/VENI VIDI VICI)」　1943年12月　フィンシハーフェン
第348戦闘航空群第342戦闘飛行隊　ローレンス・オニール中尉
オニール中尉は、少なくともニューギニアのP-47乗りとしては、変わったことで名声を得た。つまり、かれの戦果、5機全部が一式陸攻に対して報じられたものだったのである。9月13日に1機を撃墜、12月26日のグロースター岬への上陸掩護では少なくとも一式陸攻4機の撃墜をニューブリテン上空で撃墜した[12月26日の戦果は、61戦隊の百式重爆との誤認と思われる]。そのとき、かれが使ったP-47D-2は「いつになくいうことを聞かず」、フィンシハーフェンに帰還したオニールは着陸時、グラウンドループ[着地時に回転]してしまった。生き残ったおかげで、かれは壊れた愛機を眺めながら、飛行場に集まっていた飛行隊の戦友とともに大戦果を祝うことができた。

6
P-47D-4 (シリアル・ナンバー不明)　1944年1月　ナザブ
第49戦闘航空群第9戦闘飛行隊　ジェラルド・R・ジョンスン少佐
もともとP-38を配備されていた第9戦闘飛行隊では、航続距離が短いこと、そして高度5400m以下での飛行性能が鈍重であることから、P-47は不人気であった。だが、1943年11月から、1944年2月までのあいだに第9戦闘飛行隊の隊員から数人のP-47によるエースが誕生した。この部隊の指揮官「ジェリー」・ジョンスンも、1943年12月10日に三式戦を1機、1944年1月18日に零戦撃墜1機を報じた。操縦席の下に作られた白い矩形は機付兵が戦果を描き込むために用意したものである。

7
P-47D-3　42-22637 「デアリング・ドッティーⅢ世(DARING DOTTIE Ⅲ)」　1944年3月　フィンシハーフェン　第348戦闘航空群第341戦闘飛行隊指揮官　ジョン・T・ムーア少佐
ジョン・ムーアはかれの総戦果7機の最後、1944年3月2日、マヌス島沖で落とした零戦1機を、本機で報じた。42-22637号の初期の写真には、こんな妙な迷彩ではなく規定の塗装が施されていた。こんな風になった訳は一切不明である。1944年7月、第341戦闘飛行隊の指揮官としての任務を果たした後、ジョン・ムーアは航空群本部小隊に転属となり、10月8日、ニューギニア西部のセラム島への急降下爆撃作戦の際にP-47D-23 42-27596号機で戦死するまで、そこに留まった[3月2日、第14飛行団(68、78戦隊)はマヌス島沖でB-17、P-47撃墜各1機を主張。喪失4機(戦死4名)。第348戦闘航空群のP-47はマヌス島上空で零戦7機撃墜を主張。損害なし]。

8
P-47D-4　42-22668 「ファイアリー・ジンジャーⅣ世(Fiery

Ginger IV）」 1944年5月 フィンシハーフェン
第V戦闘航空軍団 ニール・アーネスト・カービィ中佐
ニール・カービィが最後の出撃で乗った機体は謎に包まれていた。第348戦闘航空群のもと隊員の幾人かはカービィが、この運命の出撃に際してジェス・アイビー大尉のP-47に乗って出かけたと記憶していたが、1946年3月に、残骸の尾翼からシリアルナンバーが判明し、大佐が戦死の際に乗っていた機体がファイアリー・ジンジャーIV世であったことがわかった。しかし、本書には、操縦席の下にかれ自身が撃墜される直前に落とした22機目の撃墜マークを描いた、42-22668号機を思わせるP-47の写真が掲載されている［29頁の写真］。誰かが絶対確実な証拠を提示するまでは、本図を1943年末から、1944年3月5日の死まで、カービィ大佐が使っていた機体であると見なす以外にないだろう。

9
P-47D-11 42-22855 「ホイツ・ホス（HOIT'S HOSS）」
1944年3月 ガサップ 第35戦闘航空群第41戦闘飛行隊
エドワーズ・R・ホイト中尉
ホイトはかれが第V戦闘航空軍団で報した全戦果4機を1944年3月、本機「ホイツ・ホス」［ホイトの愛馬］で記録した。3月11日から14日にかけて、一式戦4機を撃墜したのである。1945年8月13日、第507戦闘航空群、第465戦闘飛行隊のP-47Nを以て、朝鮮半島で一式陸攻を撃墜し、とうとうエースの地位を得た。かれは同航空群で14回の超長距離作戦に参加した。

10
P-47D-2 42-22532 「サンシャインIII世（Sunshine III）」
1944年2月〜6月 フィンシハーフェン 第348戦闘航空群第342戦闘飛行隊指揮官 W・M・バンクス大尉
ビル・バンクスはほぼまちがいなく、この後期型のD-2を使って、1943年にニューギニアで報した5機撃墜の全部にせよ、うち何機かを落とした。しかし、1944年2月7日、グロスター岬の上でかれが6機目の戦果を報したときには、すでにP-47D-3を割り当てられていたので、本機は使っていない。バンクスに1944年の末、フィリピン戦に参加するまで戦果をあげることはできなかった。当時かれは、少佐に進級、第348戦闘航空群の本部小隊に配属されていた。

11
P-51A-10 43-6189 1944年3月〜5月 ハイラカンディ
第1特任航空群指揮官 フィリップ・コクラン大佐
個人戦果からいえばエースではないが、1944年3月29日に編成され、1944年5月中旬に部隊賞詞を授けられた第1特任航空群の指揮官、フィリップ・G・コクラン大佐は本書で言及するに値する人物である。同部隊はこの期間中、ビルマで日本軍の戦線後方で活動したオード・ウィンゲートの「チンデット襲撃隊」への空中支援を行った。インドでこの最初の特任航空群の指揮官に着任する以前に、コクランは北アフリカで撃墜2機の戦果を報していたが、ビルマではさらに戦果をあげる機会に恵まれなかった。

12
P-47D-23 43-27899 「ジョシー（JOSIE）」1944年12月
レイテ 第348戦闘航空群第340戦闘飛行隊
マイク・ディコヴィツキー中尉
明らかに第348戦闘航空群に初めて配属されたD-23の1機である本機は、1944年、9ヵ月の長きにわたって、本戦闘航空群で働いた。この間、マイク・ディコヴィツキー中尉はよくこの機体を使い、かれの総戦果5機のうち、後の3機は本機そのものを使って報したもの

である。そのうち、最初の1機は3月11日にウエワクで落としたものであった。2番目と、3番目は12月にフィリピンで報したものであった。当時、第348戦闘航空群は機体に目立つ黒の識別帯を描いていた。

13
P-51A-1 43-6077 「ジャッキー（Jackie）」 1944年5月
ディンジャン 第311戦闘航空群第530戦闘飛行隊
ジェイムズ・ジョン・イングランド大尉
このかなり傷んだP-51A-1は、第二次大戦に参加した米陸軍航空隊のアリソンエンジン搭載機のなかで、疑いもなく最も卓越した記録を誇示できる機体であった。当初、この機体は同機を献納したミシガン州、フランケンスミスのユニバーサル・エンジニアリング社の労働者が誇らかに描いた「スピリット・オブ・ユニバーサル」の文字で飾られていたが、1943年後半、機体がインドで部隊に交付されるとすぐに、ジェイムズ・イングランドは本機を妻の名ジャクリーンの愛称、ジャッキーに改名した。この頃の写真記録によると、飛行隊の番号「75」は、かれが撃墜戦果をあげた後に書き加えられたのだが、いずれにせよ戦果の大半はジャッキーで記録したものではない。1943年11月から1944年5月までに、イングランドはA型で多数の撃墜戦果を報しているが、本機にはちょうど2機の撃墜戦果が描かれているだけで、実際、ジャッキーによる戦果として割り出せるのは、5月11日と14日に報じられた3機だけである。だが、飛行隊の記録では、この第311戦闘航空群の随一のエースがビルマで撃墜を報じた8機はすべて本機で落としたことになっているとはいえ、他の記録によれば1943年11月25日と、27日に落とした最初の2機は、P-51A-10での戦果とされている。ひとつまちがいのないことは、銀星章の叙勲を受けた飛行隊の戦友、ウィリアム・グリフィス中尉が、1944年の後期、この古参マスタングを中国で飛ばしていたということである。

14
P-47D-21 43-25343 「ジョーイ（Joey）」 1944年6月 サイパン
第318戦闘航空群第19戦闘飛行隊 ウィリアム・マティス中尉
リパブリック社で作られた最初のD-21の1機は、1944年6月にサイパンに配備されることになった第19戦闘飛行隊と、第318戦闘航空群に属する他の機体を運んできた2隻の航空母艦の片方からマティス中尉によって発艦された。上陸するやいなや、かれは他のサンダーボルト72機とともに、サイパンと近くのテニアン島で、戦い疲れた海兵隊の地上支援任務に就いた。43-25343号機にはいかなる日本機と交戦した記録もなく、ウィリアム・マティスの撃墜5機は1945年5月から6月にかけて、P-47Nで報られたものであった。

15
P-47D-23 43-27861 1944年9月 モロタイ 第35戦闘航空群
第39戦闘飛行隊 リロイ・V・グロスホイシ中尉
このP-47はほぼ確実にグロスホイシが1944年6月から、かれが第39戦闘飛行隊指揮官となったその年の暮れまで乗っていた機体である。この昇進につづいてグロスホイシは戦闘でも大活躍した。1945年1月30日から、2月25日までのあいだにP-47Nを以て6機撃墜を報したのである。

16
P-51C（シリアルナンバー不明） 「リトル・ジープ（Little Jeep）」
1944年11月 陸良 第23戦闘航空群第75戦闘飛行隊
フォレスト・H・パーハム大尉
カナダ生まれの「パピー」・パーハムは第75戦闘飛行隊に加わった老練な操縦者で、1944年11月にエースの称号を手にしたとき、最

後の2機はP-51Cで報じた撃墜であった。1944年の初めから中国で飛びはじめたかれが、それ以前の3機撃墜はその年の8月から9月にP-40Nで報じたものであった。1945年4月2日、パーハムはP-51D-5 44-11312号機で龍華飛行場[上海近郊]を機銃掃射中、対空砲火で撃墜されたが、彼自身は捕まらず、23日後、基地に戻ってきた[4月2日、上海周辺の飛行場群を襲った第75戦闘飛行隊は地上砲火によってP-51を4機喪失。操縦者は後に全員生還]。

17
P-51C（型式とシリアルナンバー不明）　「ロペス・ホープⅢ世（LOPE'S HOPEⅢ）」　1944年9月　桂林
第23戦闘航空群第75戦闘飛行隊　ドン・S・ロペス中尉

ドン・ロペスも、当初はP-40Nで戦果を報じ、やがてP-51Cに乗り換え、エースになった第75戦闘飛行隊のもうひとりの操縦者であるが、中国上空で戦ったかれは、マスタングより、P-40Nの方が優れていると見なしていた。ロペス・ホープⅢ世はその名に負けず、1944年9月16日には一式戦1機を損傷させ、11月11日には、かれの5機目の戦果として一式戦撃墜1機を報じた。

18
P-51B-7（おそらく43-7060）　「トミーズ・ダッド（Tommy's Dad）」
1945年1月　陸良　第23戦闘航空群第74戦闘飛行隊指揮官
ジョン・C・ハーブスト少佐

「パピー」・ハーブストは本機を以て、1944年9月3日、まず九九艦爆2機撃墜を報じ、信じがたいような連続撃墜を開始した。1945年1月17日までに、さらに11機撃墜、1機不確実、1機撃破の戦果を報じ、かれは中国戦線随一のエースとなった。かれの誇る18機の戦果のうち、4機はP-40Nによるものであり、また1機撃墜と1機撃破は「トミーズ・ダッド」ではない別のマスタングによって報じたものであるが、この戦果の詳細は知られていない。中国・ビルマ・インド戦域でもっとも有名なマスタングであるにもかかわらず、この機体については不分明な点がある。資料の大半は、本機がP-51B-5のシリアルナンバーをもつ43-7060号機であることを示している。だが本機はその後、胴体燃料タンクを増設し、550機が作られた派生型であるB-7なのである。

19
P-51C（型式とシリアルナンバー不明）　「アイオワ・ベル（IOWA BELLE）」　1945年1月　陸良　第23戦闘航空群第75戦闘飛行隊
カーチス・W・マハンナ中尉

ロペスやパーハム同様、カーチス・マハンナもまた、ウォーホークからマスタングに機種を改変した第75戦闘飛行隊のP-51で成功を収めた。1944年11月11日、かれは一式戦、二式単戦各1機の撃墜を報じ、1945年1月14日、一式戦をもう1機撃墜した。1945年までに日本機と戦う機会が苛立たしくなるくらい減っていたため、この両日の戦果が、かれの大戦における戦果のすべてとなった。

20
P-47D-23　42-27886　「シルヴィア／ラシーン・ベル（Silvia/Racine Belle）」　1944年11月〜1945年1月　レイテ
第348戦闘航空群第342戦闘飛行隊　M・E・グラント中尉

この風変わりな装いのサンダーボルトには、グラント中尉が別の機体で1944年6月までに報じた確実撃墜戦果である7つの撃墜マークが描かれている。かれは1945年1月に転属になるまで本機をフィリピンで使っていた。機体に描かれた赤と白の線は1944年後半の第342戦闘飛行隊の識別帯であった。

21
P-47D-25　42-28110　「マイ・ベイビー（My Baby）」　1944年12月〜1945年1月　ピトゥー　アルヴァロ・ジェイ・ハンター大尉

ハンターは、第40戦闘飛行隊がモロタイ島のピトゥーで過ごした最後の日々、このP-47を使っていた。1945年1月の後半、部隊はフィリピンのルソン島へ移動、本機もほぼまちがいなくこの北への移動に従ったはずだ。しかしハンターは自分の戦闘服務を終えて、1月10日に帰国させられてしまった。操縦者の愛称である「マイ・ベイビー」は機体の両側に描かれており、方向舵には米陸軍航空隊でおなじみの紅白の塗装がある。

22
P-47D-25　42-27894　「ボニー（Bonnie）」　1944年12月
レイテ　第348戦闘航空群第460戦闘飛行隊
ウィリアム・D・ダンハム少佐

第348戦闘航空群第2のエース、「ディンギー」・ダンハムが本機を以て4機撃墜を報じたのは、ほぼまちがいない。ダンハムは12月中旬になじみ深い飛行隊を離れ、航空群の作戦将校助手に任命され、1945年1月には帰国。射撃教程に参加した。5月、ふたたび航空群に復帰するとP-47は、すでにP-51に変えられていた（航空群に最初のP-51が届いたのは2月であった）。

23
P-47D-28　42-28505　「マイ・ベイビー（My Baby）」
1944年10月〜12月　第35戦闘航空群第40戦闘飛行隊
アルヴァロ・ジェイ・ハンター大尉

ジェイ・ハンターは本機を第450戦闘飛行隊で戦争末期に専用機としていた。かれは、同部隊がP-39Q-6を装備していた1943年9月以来、作戦出撃184回という古参であった。1944年10月、11月に落とした最後の戦果3機はP-47で落とした。かれが報じた5機撃墜はすべて一式戦であった。ハンターは1944年11月8日から12月8日まで第40戦闘飛行隊の指揮官を務めたが、これは帰国するまでの臨時任務に過ぎなかった。この機体は「マイ・ベイビー」の名前を機体の右側にしか描いてないのに注意。航空群の標識である米空軍の紅白帯は自然に剝落、または搔き落としてしまったのかなくなっている。

24
F-6D-10　44-14841　「スヌークス5番（SNOOKS -5th）」
1945年1月　レイテ　第71戦術偵察航空群第82戦術偵察飛行隊
ウィリアム・ショモ大尉

1945年1月11日、ショモ大尉が1回の作戦で7機を落としたとき乗っていたのは本機である。本機はイアン・ワイリーの表紙画にも描かれているが、ショモの伝説的な活躍の後に、特別に追加された垂直尾翼先端に黄色い帯は省かれている。部隊の文書にも、操縦者の飛行記録にも明記はないが、その24時間前に報じられた、例の大活躍以外に唯一記録された戦果、もう1機の撃墜も本機を以て為したと思われる。

25
P-51D-20　44-72505　「フライング・アンダーテイカー（The FLYING UNDERTAKER）」　1945年2月〜4月　ビンマレイ
第71戦術偵察航空群第82戦術偵察飛行隊指揮官
ウィリアム・ショモ少佐

「スヌークス5番」でウィリアム・ショモは1月11日に7機を撃墜したが、破片がいくつかぶつかり同機が一時的に使えなくなると、第82戦術偵察航空群指揮官はほとんど新品に近いP-51D-20をかれに与えた。米国の戦時報道関係者はすぐに平時におけるありふれたもの

ではない職業を嗅ぎつけ、たぶんかれを煩わせたのだろう。だからこそ（開き直って）本機に「フライング・アンダーテイカー（空飛ぶ葬儀屋）」などという妙な名をつけたのではなかろうか。その後、数ヵ月のあいだ、撮影のために、このP-51はほとんどシミひとつない状態に保たれていた。

26

P-51D-20　44-63984　「マーガレットⅣ世(Margaret Ⅳ)」
1945年4月～5月　硫黄島(南飛行場)　第15戦闘航空群第78戦闘飛行隊指揮官　ジェイムズ・バックレイ・タップ少佐

第78戦闘飛行隊でも最古参の操縦者のひとり、ジム・タップは1942年後半から、終戦まで同部隊に所属していた。かれの最初の「マーガレット」はP-40であったが、1944年後半、その名は遙かに強力な戦闘機、P-51D-20を飾ることになった。1945年の前期、かれは第78戦闘飛行隊を率いて硫黄島へ進出、4月から終戦まで、そこからB-29を護衛して超長距離作戦を行ってすばらしい成功を収めた。初期の作戦で、本機によってかれの8機の戦果のうち、6機を落とした。最後の2機は5月の下旬、P-51D-25で報じた。

27

P-51D-20　44-63483　「スティンガーⅦ世(Stinger Ⅶ)」
1945年6月　硫黄島(南飛行場)
第15戦闘航空群第45戦闘飛行隊　ロバート・W・ムーア少佐

第7航空軍のトップエース、「トッド」・ムーアはP-40Nで1944年1月26日に初戦果をあげたが、その後の戦果11機はP-51Dで報じた。うち6機は5月末、その前のD-20の代わりに第45戦闘飛行隊に配備されたスティンガーⅦ世の銃火に倒れた。7月19日、かれは部隊の指揮官となり、終戦までその地位に留まった。

28

P-51D (型式とシリアルナンバー不明)　1945年4月～8月　陸良
第23戦闘航空群第75戦闘飛行隊指揮官　C・B・スローカム少佐

1942年から43年にインドと中国で、第51戦闘航空群、第16戦闘飛行隊、2度の戦闘服務を果たした古強者、クライド・スローカムは1944年11月から終戦まで第75戦闘飛行隊の指揮官を務めた。少佐は、P-40Nの代わりに与えられたP-51Cをよろこばず沈みがちだった部隊の士気を、奮い立たせた指揮官の模範ともいうべき男だった。かれは力強い指揮統率能力を備えていたにも関わらず、1機の撃墜戦果も報ずることもできず、4月2日には、エンジンが停止したため海南島の近くへの不時着を強いられた。23日後、かれは部隊に帰ってきたが、中国のジャンクにも乗ったということだ。戦後、7機撃墜のエースとされていたが、実のところかれの撃墜戦果は多くても2機、うち1機はP-40Eによるもので、加えて地上撃破3機というものである。本機は中国での戦いの末期にスローカムが使っていたP-51Dである。

29

P-51B-15　42-106908　1945年1月　重慶　第311戦闘航空群第530戦闘飛行隊　レナード・R・リーヴズ中尉

「ランディ」・リーヴズは本機に少なくとも1回は乗っているし、おそらくかれが「マイ・ダラス・ダーリン」と名付け、かれの固有機となった機体に乗る前に使っていた機体にほぼまちがいない。このマスタングは1945年1月25日の北京作戦の際、尾部を大きく損傷、その結果、リーヴズは別のP-51Dを与えられた。

30

P-51C-10　42-1032285　「ジェニー(JANIE)」　1945年1月　重慶　第311戦闘航空群第530戦闘飛行隊　レスター・ミュンスター中尉

ミュンスターは本機を使って、撃墜戦果のひとつ、一式戦を1945年1月5日、新郷飛行場の近くで報じた。3機の一式戦を落としたと主張しエースとなったレナード・リーヴズをはじめ、さらに5機の日本戦闘機が同じ日、第530戦闘飛行隊の操縦者たちによって撃墜を報じられた。ミュンスターはさらに9機を地上で撃破している。

31

P-51D-10　44-14626　1945年1月　陸良　第23戦闘航空群第118戦術偵察飛行隊　エドワード・O・マコーマス中佐

マコーマスはその戦果のすべてをP-51Cであげた。かれがこのP-51Dを割り当てられたのは、戦闘服務が終わる直前の1944年12月か1945年1月であることはほぼ確実である。

32

P-51D-10　44-11276　1945年6月　陸良
チャールズ・H・オールダー中佐

オールダーは米義勇航空隊が1942年7月に解散して、かれが帰国したとき、すでにエースになっていた。かれはその後、米陸軍航空隊に参加、ちょうど2年後、中国に戻り第23戦闘航空群、第76戦闘飛行隊の指揮官となった。オールダーが本部隊のP-51で初めて戦果を報じたのは、1944年7月28日であった。一方、その後の戦果7機は、かれが航空群の本部飛行小隊に移ってから報じたものであった。本機を割り当てられるまでにオールダーは航空群の指揮官代理となっていたため、機体に斜線が入れられている。

33

P-51K-10　44-12099　「ジョシー(JOSIE)」　1945年1月
サン・マルセリーノ　第348戦闘航空群第340戦闘飛行隊
マイケル・ディコヴィツキー中尉

ディコヴィツキーの戦果はすべて、第340戦闘飛行隊が1945年初頭に装備をP-51に変える前に、P-47で報じたもので、1945年3月には休暇で帰国したため、マスタングで戦ったのはほんのわずかなあいだだけだった。スピナーに描かれた紅白のうずまきに注意、これはたぶん第340戦闘飛行隊の古参であるかれが、飛行隊の規定塗装に足した個人の加筆であろう。

34

P-51K-10　44-12101　「ネイディーン(Nadine)」
1945年5月～6月　フロリダブランス
第348戦闘航空群第460戦闘飛行隊　ジョージ・デラ大尉

ジョージ・デラも5機撃墜の戦果をP-47で報じた。第460戦闘飛行隊は1945年3月下旬にマスタングへの装備改変を終え、フィリピン上空で活躍するには遅すぎたが、日本本土への最終的な攻撃には間に合った。だがデラは1945年6月に休暇で帰国したため、日本帝国に最後の打撃を加えることはできなかった。

35

P-51K-10　44-12073　「サンシャインⅦ世(SUNSHINE Ⅶ)」
1945年6月　伊江島　第348戦闘航空群指揮官
ウィリアム・T・バンクス中佐

バンクス中佐は、かれの全戦果をP-47で飛んでいた1944年12月末までに報じた。かれの全戦果を描いているP-51Kは太平洋戦線でもっとも印象的な装いの戦闘機のひとつであり、またスピナーは戦争のこの段階における航空群指揮官を示す多色の帯が入れられている。4色の各色は航空群内の飛行隊それぞれを示しており、黒は第460戦闘飛行隊、青は第342、黄色は第341、赤は第340であった。愛称は飛行隊色をとりどりに入れていることに由来している。

36

P-51D-20　44-75623　「マイ・エイキン！（My Ach'in!）」
1945年6月　硫黄島　第21戦闘航空群第531戦闘飛行隊指揮官
ハリー・C・クリム少佐

クリム少佐は1945年3月の末に、硫黄島で第531戦闘飛行隊の指揮を執るようになる以前に、地中海戦線でP-38による戦闘服務を一期終えていた。かれのマスタングの一風変わった異名は、防音装置効果、気もくじけるような日本本土への超長距離作戦、座席上のかれのズボンに、由来する。かれの最後の戦果は1945年7月6日の日本への戦闘機掃討の際に報じられた。あきれるほど長距離を飛んだ作戦の代償として、かれは確実撃墜6機と、撃破5.25機の戦果を公認された[7月6日、第21戦闘航空群のP-51は相模湾付近で零戦撃墜1機を主張。日本側記録未確認]。

37

P-51D-20　44-64038　「ドリス・マリー（Doris Marie）」
1945年8月　伊江島　第348戦闘航空群第460戦闘飛行隊
トーマス・シーツ中尉

シーツ中尉は戦時中の証言から、3機の確実撃墜、2機の不確実撃墜をあげたと記録されており、最後の撃墜を報したのは第348戦闘航空群最後の戦闘である1945年8月1日であった。かれはもともと、この日、九州上空で撃墜を2機報したのだが、その後、それは確実撃墜1機、不確実1機に格下げされてしまった。かれはまた、1944年11月29日、フィリピン上空で、一式戦1機撃墜、1944年12月7日には九七重爆1機の撃墜を、それぞれ公認されている。シーツのマスタングに描かれた、第460戦闘飛行隊の黒い雄羊に注目。

38

P-51K-10　44-12017　「ミセス・ボニー」("Mrs. Bonnie")」
1945年8月　伊江島　第348戦闘航空群　ウィリアム・D・ダンハム中佐

「ディンギー」・ダンハムは戦争最後の数か月、戦闘航空群の指揮官代理を務め、1945年8月1日、九州上空で16機目、かれの最終戦果としてキ84撃墜1機を報した。

39

P-47N-1　44-88211　「リル・ミーティーズ・ミート・チョッパー（Lil Meaties' MEAT CHOPPER）」　1945年8月　伊江島
第507戦闘航空群第464戦闘飛行隊　オスカー・パードモ中尉

パードモ中尉が第507戦闘航空群に赴任したのは1945年6月、初めて作戦に参加したのは7月2日だった。第507戦闘航空群が、特に原爆投下以来、空中で日本機に遭遇する機会は希だったが、8月13日、第507戦闘航空群の38機は朝鮮半島の首府上空で50機もの日本機に遭遇、追跡が始まった。次いで始まった対決ではオスカー・パードモはかれのP-47Nで5機を落とし、第二次大戦で最後に生まれたエースとなった。「リル・ミーティーズ・ミート・チョッパー」はパードモがかれの幼い息子にちなんで付けた名前だった。その後、このN-1は野戦改修でN-2に改造された。

40

P-51K-10　44-12833　「"ウィ・スリー"（"WE THREE"）」
1945年8月　伊江島　第71戦術偵察航空群第110戦術偵察飛行隊指揮官　ジョージ・ノーランド少佐

ノーランド少佐は1945年8月14日、第110戦術偵察飛行隊のP-51Kを率いて日本本土へ出撃、日本戦闘機の邀撃を受けた。6機撃墜が報じられたが、うち3機はノーランドの戦果とされていたが、これは査定で確実2機、不確実1機に修正。これはおそらくP-51が確実な戦果を記録した最後の戦闘であった[8月14日、第110戦術偵察飛行隊のP-51は福岡飛行場を襲ったが、日本側の記録は未確認]。

41

P-51D-20　44-64124　1945年8月　沖縄　第35戦闘航空群第39戦闘飛行隊指揮官　リロイ・グロスホイシ大尉

すでにP-47Dのエースであったリロイ・グロスホイシは、終戦の3日前に最後の戦果をP-51Dで記録した。朝の戦闘機掃討において防府飛行場の西で撃墜した四式戦1機は、かれが報した唯一の戦闘機撃墜戦果であった[8月12日、第39戦闘飛行隊は四式戦撃墜1機を主張。防府で71戦隊（四式戦）の川内重春少尉戦死]。

42

P-51D-20　44-63272　「バッド・エンジェル（BAD ANGEL）」
1945年8月　ラワグ　第3特任航空群第4戦闘飛行隊（戦闘）
ルイス・E・カーデス中尉

地中海戦線でのP-38エース、ルイス・カーデスのマスタングは第二次大戦中の、連合軍戦闘機としてもっとも変わった戦果をあげた。「バッド・エンジェル」は太平洋におけるかれの最後の乗機だった。

乗員の軍装　解説
figure plates

1

1944年5月　サイドーア　第348戦闘航空群第342戦闘飛行隊
ロバート・ナップ中尉。

かれはカーキ色の将校夏季シャツ（ショルダーループと、左のポケットの上にある銀の翼章に注目）と、オリーヴドラブ色の陸軍1943年ヘリンボーン（矢筈模様織）ズボンという変わった装いをしている。ズボンは大型の物入れポケットでそれと識別できる。このズボンは作業用であったが、穿きやすく丈夫で目立たない色合いなので、太平洋では戦闘用にも広く使われた。ナップはまた氏名と階級のステンシルを左肩に入れたB-3型救命胴衣を着用している。飛行帽は夏用のA-9型、ヘッドホンは部隊単位で付加される物なので、何種類かが存在する。頭に上げている飛行眼鏡はゴム製一体型のB-8型で、T-30型喉頭マイクロフォンは飛行帽の後方から伸びているコードの赤いプラグを機体の無線機に繋げる。黄色いセーム革の将校用手袋をはめ、右手では操縦者用サングラスを下げている。かれが履いているのは米陸軍支給の標準型革靴である。

2

1943年12月　フィンシハーフェン　第348戦闘航空群第342戦闘飛行隊　ローレンス・F・オニール中尉

かれは官給品の標準シャツとズボン、そしてスエードの官給軍靴を着用している。オニールの飛行帽はオリーヴドラブか、カーキ色の布でできた夏季の軽量A-8型で、なめし革のヘッドホンが付いている。飛行帽に取り付けられている飛行眼鏡はAN-6530型。簡単に引けるようにB-3型救命胴衣の下に下がっている紐に注目、これを引くと小さな二酸化炭素ボンベが作動し救命胴衣を自動的に膨らませる。オニールはまた護身用の.45口径コルトM1911-A1自動拳銃を肩から掛けたなめし革のホルスターに入れ、幅広の刃がついたサバイバルナイフをベルトに差している。

3

1945年8月　伊江島　第507戦闘航空群　第464戦闘飛行隊
オスカー・パードモ中尉

目立つチャックがついた軽いK-1型飛行服を着用している。かれの左腿には操縦席に座ったときに、飛行地図等を固定するための革で覆われた金属製クリップが装着されている。頭にあるのはオリー

ヴドラブの将校帽で、飛行士好みの「50ミッション・クラッシュ(つぶし)」にされている。バードモのなめし革の靴は官給品とは明らかに違うので、私物ではないかと思われる。

4
1945年1月　陸良　第23戦闘航空群第118戦術偵察飛行隊指揮官
エドワード・マコーマス中佐

階級を示す銀の樫葉を襟につけた官給品の暗緑褐色のシャツを着ている(反対側の襟には米陸軍航空隊の翼のついたプロペラがついていたはずだ)。カーキ色のモヘア織りのネクタイ、明るい緑褐色のズボンの対比に注目。マコーマスは官給品の軍靴を履いている。かれのA-2ジャケットには規定の氏名標が付けられ、肩には第14航空軍のパッチが着けられている。A-2の右袖にあるパッチは、以前の戦闘服務を果たした部隊の標識を示し、左袖には現在所属している個別部隊のパッチが装用される。マコーマスの飛行帽はA-11型、飛行眼鏡はB-8型、なめし革の手袋は夏季用のB3-A型である。

5
1945年1月　陸良　第23戦闘航空群第74戦闘飛行隊
ジョン・C・ハーブスト少佐

かれは標準的な官給品の緑褐色のシャツとズボンの上に、なめし革のA-2ジャケットを着用するという、戦争のこの段階における米陸軍航空隊の典型的な服装をしている。ジャケットの左胸にある黄褐色の革帯には規定通り氏名が入れられている。このA-2は、ポケットの蓋がボタンになっており、そこがスナップになっている標準型と少し異なっている。ハーブストの飛行帽はANB-H-1型ヘッドホンを装着したA-9であった。緑がかったレンズを入れたAN-6530飛行眼鏡に注目。これは交換可能で、何種かの濃淡のあるセットが用意されていた。履いているのはありふれた官給品の軍靴である。

6
1945年3月　重慶　第311戦闘航空群第530戦闘飛行隊
レスター・L・アラスミス中尉

制服の上に、緑褐色で足首の帯と薄いポケットが特徴のAN-6550飛行服を着用している。かれの履き物は、先革のついたなめし革の官給軍靴である。かれのA-2ジャケットはハーブストの物同様少し規格から外れたところがあり、氏名標が海軍のG-1ジャケットのような物が着いている。この型の氏名標には飛行士の氏名、階級の上に、恒久的な(少なくとも海軍では)飛行資格を示す翼が金色の葉模様の中に刻印されている。アラスミスは腰の回りのM1936型のピストル・ベルトに、.45口径自動拳銃を入れたM1916型ホルスターと(右手の横に見えている)、一体型の蓋をつけた2本用予備弾倉入れを着けているA-2ジャケットのニットの袖から米陸軍の操縦者に支給されるA-11「ハック・ウオッチ」が見えている。かれの飛行帽は、A-10AマスクとB-8飛行眼鏡のついたA-11型である。

■翻訳の参考資料
翻訳および、訳注を作成するに当たって、以下の資料を参照させていただきました(順不同)。

『日本陸軍戦闘機隊』　秦郁彦　伊沢保穂　酣燈社　1984年
『第2次大戦　世界の戦闘機隊　付エース列伝』酣燈社　1987年
『海軍戦闘機隊史』　零戦搭乗員会編　原書房　1987年
『海鷲の航跡　日本海軍航空外史』海空会編　原書房　1982年
『海軍航空年表　海鷲の航跡別冊』海空会編　原書房　1982年
『ああ少年航空兵』　日本雄飛会(少飛会)　原書房　1967年
『日本陸軍重爆隊』　伊沢保穂　現代史出版会・徳間書店　1982年
『日本海軍航空隊のエース　1937-1945』　ヘンリー・サカイダ　大日本絵画　1999年
『日本陸軍航空隊のエース　1937-1945』　ヘンリー・サカイダ　大日本絵画　2000年
『戦史叢書　東部ニューギニア方面陸軍航空作戦』　防衛庁防衛研修所戦史室　1967年
『戦史叢書　西部ニューギニア方面陸軍航空作戦』　防衛庁防衛研修所戦史室　1969年
『戦史叢書　中国方面陸軍航空作戦』　防衛庁防衛研修所戦史室　1974年
『戦史叢書　中国方面海軍作戦〈2〉』防衛庁防衛研修所戦史室　1974年
『戦史叢書　比島捷号陸軍航空作戦』　防衛庁防衛研修所戦史室　1971年
『戦史叢書　ビルマ・蘭印方面　第3航空軍の作戦』　防衛庁防衛研修所戦史室　1972年
『戦史叢書　南東方面海軍作戦(2)』防衛庁防衛研修所戦史室　1975年
『栄光加藤隼戦闘隊』　安田義人　朝日ソノラマ文庫版航空戦史シリーズ　1986年
『液冷戦闘機「飛燕」』　渡辺洋二　朝日ソノラマ文庫版航空戦史シリーズ　1992年
『双発戦闘機「屠龍」』　渡辺洋二　朝日ソノラマ文庫版航空戦史シリーズ　1993年
『局地戦闘機「雷電」』　渡辺洋二　朝日ソノラマ文庫版航空戦史シリーズ　1992年
『首都防衛三〇二空(下)』　渡辺洋二　朝日ソノラマ文庫版航空戦史シリーズ　1995年
『陸攻と銀河』　伊沢保穂　朝日ソノラマ文庫版航空戦史シリーズ　1995年
『加藤隼戦闘隊の最後』　粕谷俊夫　朝日ソノラマ文庫版航空戦史シリーズ　1986年
『海軍航空隊全史(上)(下)』　奥宮正武　朝日ソノラマ文庫版航空戦史シリーズ　1988年
『陸軍航空の鎮魂』　航空碑奉賛会　1968年
『陸軍飛行第244戦隊史』　櫻井隆　叢文社　1995年

『栄光隼戦隊』 関口寛・他　今日の話題社　1975年
『艦隊航空隊　ソロモン・マリアナ・比島の巻』今日の話題社　1967年
『続・艦隊航空隊　硫黄島特攻・沖縄決戦・本土防空戦』今日の話題社　1968年
『太平洋戦争ドキュメンタリー・6　老潜水艦出撃す』「疾風レイテ強襲」吉良勝秋　今日の話題社　1971年
『太平洋戦争ドキュメンタリー・7　玉砕アッツ嵐』「隼と海とジャングル」小野崎熙　今日の話題社　1968年
『太平洋戦争ノンフィクション　戦場　東部ニューギニア決戦』「南海の稲妻戦闘部隊」谷口正義　「ソロモン・ニューギニア爆撃行」岸本龍彦　今日の話題社　1974年
『ニューギニア空中戦の果てに』上木利正　戦誌刊行会　1982年
『幻　ニューギニア航空戦の実相』ラバウル・ニューギニア航空部隊会　1986年
『飛行第90戦隊史』村井信方(編)　あずさ書店　1981年
『飛行第50戦隊誌(中)』飛行第50戦隊戦友会　1994年
『隼はレイテの彼方へ』ネグロス島物語　井上一郎　隼書房　1983年
『九七重爆空戦記』久保義明　光人社NF文庫　1997年
『ああ疾風戦闘隊』新藤常右衛門　光人社NF文庫　1996年
『特攻隼戦闘隊』村岡英夫　光人社　1972年
『ああ飛燕戦闘隊』小山進　光人社　1996年
『つばさの血戦』檜與平　光人社　1967年
『ああ隼戦闘隊』黒江保彦　光人社　1984年
『加藤隼戦闘隊の最後』宮辺英夫　光人社　1986年
『証言　昭和の戦争　飛燕よ　決戦の大空へはばたけ　陸軍戦闘機隊戦記』「俊翼隼飛行隊長空戦記録」難波茂樹　光人社　1991年
『丸エキストラ11月号別冊　戦史と旅1　ラバウル航空隊』潮書房　1996年
『丸エキストラ7月号別冊　戦史と旅5　陸軍戦闘機の世界』潮書房　1997年
『丸エキストラ11月号別冊　戦史と旅13　陸軍航空作戦の全貌』潮書房　1998年
『エアワールド』「中国的天空」中山雅洋　第25章-第33章　2000-2001年
『コンサイス外国地名辞典　改訂版』三省堂編修室編　三省堂　1985年
『中国地名録-中華人民共和国地図集地名索引』中国地図出版社　1997年

Eric Hammel. AIR WAR PACIFIC AMERICAN AIR WAR AGAINST JAPAN IN EAST ASIA AND THE PACIFIC 1941-1945 CHRONOLOGY, Pacifica Press,1998.

John C. Stanaway. POSSUM, CLOVER & HADES - THE 475 FIGHTER GROUP IN WORLD WAR II, Schiffer Military History, 1993

John C. Stanaway & Lawrence J. Hickey. ATTACK & CONQUER - THE 8TH FIGHTER GROUP IN WORLD WAR II, Schiffer Military History, 1995

S. W. Ferguson & William K. Pascalis, PROTECT & AVENGE - THE 49TH FIGHTER GROUP IN WORLD WAR II, Schiffer Military History, 1996

James M. Fielder. THE TWIN DRAGONS CBI 1943-1945 - 459TH FIGHTER SQUADRON 1993

John C. Stanaway. COBRA IN THE CLOUDS - COMBAT HISTORY OF THE 39TH FIGHTER SQUADRON 1940-80, A Historical Aviation Album Publication, 1982

William H.Starke & Eau Claire. VAMPIRE SQUADRONS - THE SAGE 44TH FIGHTER SQUADRON IN THE SOUTH AND SOUTHWEST PACIFIC, WI, 1999

John C. Stanaway. KEARBY'S THUNDERBOLTS, Schiffer Military History, 1997

Michael John Claringbold. THE FORGOTTEN FIFTH, Aerothentic Publications of Australia, 1999

William N. Hess. PACIFIC SWEEP - THE 5TH & 13TH FIGHTER COMMANDS, Zebra Books, 1974

Carl Molesworth. SHARKS OVER CHINA - THE 23RD FIGHTER GROUP IN WORLD WAR II, Brassey's, 1999

Wiley O.Woods,Jr. LEGACY OF THE 90TH BOMBARDMENT GROUP "THE JOLLY ROGERS", Turner Publishing Company, 1994

Carroll V.Glines. CHENNAULT'S FORGOTTEN WARRIORS - THE SAGA OF THE 308TH BOMB GROUP IN CHINA, Schiffer Military History, 1995

Tom Harmon & Thomas Y.Crowell. PILOTS ALSO PRAY, 1944

◎著者紹介｜ジョン・スタナウェイ　John Stanaway

「The National P-38 Pilot's Association」の公式歴史記録員を務める。太平洋戦争の航空戦史を長年にわたって研究し、『POSSUM,CLOVER & HADES: The 475 Fighter Group in World War II』『COBRA IN THE CLOUDS: Combat history of the 39th Fighter squadron 1940-80』『KEARBY'S THUNDERBOLTS』『VEGA VENTURA: The Operational Story of Lockheed's Lucky Star』など、著書、共著は多数。

◎訳者紹介｜梅本 弘（うめもとひろし）

1958年茨城県生まれ。武蔵野美術大学卒業。著書にフィンランド冬戦争をテーマにした『雪中の奇跡』、1944年夏のソ連軍大攻勢で奮戦するフィンランド陸軍の戦記『流血の夏』(ともに大日本絵画刊)のほか、『ビルマの虎』『逆襲の虎』(以上、カドカワノベルズ刊)、『ベルリン1945 ラストブリッツ』(学習研究所刊)。訳書に『空対空爆撃戦隊』『SS戦車隊』(上・下)『フィンランド空軍戦闘機隊』『フィンランド上空の戦闘機』(以上、大日本絵画刊)がある。本シリーズでは「第二次大戦のフィンランド空軍エース」「日本陸軍航空隊のエース 1937-1945」「太平洋戦線のP-40ウォーホークエース」の翻訳も担当。現在、日本と連合軍の記録を徹底調査した『ビルマ航空戦 上・下』を執筆中（2002年秋の刊行予定）。

オスプレイ軍用機シリーズ**25**

太平洋戦線のP-51マスタングとP-47サンダーボルトエース

発行日	2002年9月7日　初版第1刷
著者	ジョン・スタナウェイ
訳者	梅本 弘
発行者	小川光二
発行所	株式会社大日本絵画 〒101-0054 東京都千代田区神田錦町1丁目7番地 電話：03-3294-7861 http://www.kaiga.co.jp
編集	株式会社アートボックス
装幀・デザイン	関口八重子
印刷/製本	大日本印刷株式会社

©1999 Osprey Publishing Limited
Printed in Japan
ISBN4-499-22791-7 C0076

Mustang and Thunderbolt Aces of the Pacific & CBI
John Stanaway

First published in Great Britain in 1999, by Osprey Publishing Ltd, Elms Court, Chapel Way, Botley, Oxford, OX2 9LP. All rights reserved.
Japanese language translation ©2002 Dainippon Kaiga Co., Ltd.

ACKNOWLEDGEMENTS
The following individuals kindly gave me their views and descriptions of flying either the P-47 or P-51 in the Pacific and CBI - Carl Fisher, Santiago Flores, Don Lopez, Jim Tapp, Lawrence O'Neill, Ralph Wandrey and Wallace Jordan. Other researchers and historians who 'helped with the cause' included Dr Bill Wolf, Jim Lansdale, Larry Davis, Bill Hess, Ray Toliver and Jim Crow.